四大會計師事務所的壟斷與危機

The Curious Past and Perilous Future of
the Global Accounting Monopoly

THE BIG
FOUR

Ian D. Gow & Stuart Kells

伊恩・蓋爾、史都華・凱爾斯——著　李祐寧——譯

CONTENTS

科學、魔法
和四大會計師事務所

十九世紀末，英格蘭及威爾斯特許會計師公會（Institute of Chartered Accountants in England and Wales）成立，作為世界上最早的會計組織之一，它迅速發展，很快地建立起自己的餐飲俱樂部、運動俱樂部，還有一座圖書館。這座圖書館第一批取得的館藏中，包括一本由會計學之父盧卡‧帕西奧利（Luca Pacioli）在文藝復興時期寫下的開創性實用數學經典《算術摘要》（*Summa de Arithmetica*）。

《算術摘要》解釋了該如何管理分類帳、存貨、負債與支出帳戶，同時也極具前瞻性地將印度阿拉伯數字系統引進歐洲，促成複式簿記（double-entry）的普及。帕西奧利在書中寫道：「分類帳中的每一筆貸項，都必須要有對應的借項。」這位聰明的學者鼓勵所有企業家在面對各式各樣的經營困境時，不

要尋求占星術士或隱士高人的指點;他勸誡所有商人,要想成功,首先必須擁有可運用的資金、好的會計師和最先進的會計方法。

帕西奧利屬於高尚的傳統學者類型,簿記學(還有地圖學、透視圖法和彈道學)也成為經歷科學革命的首批學科之一。德國的偉大學者歌德(John Wolfgang von Goethe)認為複式簿記是「人類思想史上最偉大的發明之一」。

更奇特的是,早在人類摸清月亮運轉與砲彈加速機制前,就出現了相當細緻的金錢記帳法。在天文和物理等科學範疇中,很大程度上也依賴著會計學作為先例:放眼物理學及天文學的先驅們,曾學過經濟與會計者的亦不在少數。舉例來說,哥白尼(Nicolaus Copernicus)寫過星體運行,也寫過貨幣改革。而伽利略(Galileo Galilei)教過會計學,並認為該門學科讓自己獲益匪淺。[1] 現代科學之父牛頓(Sir Isaac Newton)曾在一六九六年被指派擔任皇家鑄幣廠(Royal Mint)的廠長,更在一六九九年升任英國皇家鑄幣局局長,相當於現在的央行總裁。[2]

在科學發展早期,數字的應用包羅萬象,不管是在實用或

1　他也教過防禦工事的新數學計算,像是如何打造經得起砲彈攻擊的「星形要塞」。

2　傳聞數學家高斯(Carl Friedrich Gauss)僅僅三歲時,就能挑出父親財務帳目中的錯誤。

非實用的層面都是如此。第一本以拉丁文及義大利文寫成的計算書籍中，甚至包括了指導讀者如何施行戲法、占星術、法術、把戲、講笑話、詛咒和黑魔法。倘若我們從現今角度回頭看，會發現早期的數學和魔法僅有非常細微的差異；事實上，數學與超自然現象有著淵遠流長的關係。五世紀時，聖奧古斯丁（St. Augustine）就發出警告：「良善的基督徒應對數學家以及所有做出空泛預言者抱持警戒。危險已昭然若揭，數學家和惡魔立下誓約，讓靈魂蒙上陰影，致使人們困囿於地獄。」

十三世紀，當英國方濟各會修士羅傑‧培根（Roger Bacon）開始提倡採納印度阿拉伯數字時，教會指控他施行魔法，並判處他終生監禁。即便在這些有著奇異外觀的數字傳播到歐洲許久之後，仍擺脫不了自身所帶有的異國、甚至是邪惡的色彩。儘管如此，對西方文化而言，數字的出現猶如恩賜。這套遠比羅馬數字更實用且多功能的東方數字，開啟了現代數學的大門，現代會計學才得以誕生。

複式簿記以恆真式（tautology）[3]為基礎：一個組織資產的價值，必須等同於債權人和所有者對這些資產的所有權。這是個相當嶄新的想法，因為更早期的財務是以截然不同的觀點所建立的。舉例來說，一〇八六年的《末日審判書》（*The*

3　也被翻為套套邏輯、重言式等。簡單來說，就是在任何情況下皆不可能為錯的言論。

Domesday Book）就是以條列的方式，記錄征服者威廉（Williame I）的財產權、教會權、法律特權、稅金和開銷。這不是一部借、貸平衡的財務記錄。掌握絕對權力的統治者更在乎的是細數自己的金銀財寶，而不是債務（也就是計算自己所擁有的，而不是欠下的）。中世紀晚期，複式簿記開始在銀行家與商人間流行的情況，也反映出該時代社會、政治與經濟結構的轉變，以及權力是如何流轉到那些為文藝復興增添活力的男男女女身上。

　　無論是內容本身的開創性、或在珍稀書籍市場上的價值，帕西奧利的著作都是英格蘭及威爾斯特許會計師公會最為寶貴的資產。作為「古版書」（incunabulum）[4]，這本書在現代也被視為最早關於數字的著作之一。最近在米蘭的書籍拍賣會上，一本偶然在櫥櫃中被發現的羊皮紙印刷、精裝成冊的《算數摘要》，以五十三萬歐元的價格落槌。這些書籍是極為珍稀的倖存者，因為多數在一四九四年付梓的《算術摘要》，早已在教師、學生、會計師與商人的反覆翻閱下支離破碎。

　　英格蘭及威爾斯特許會計師公會所保存下來的其他珍稀書籍，還包括在一五四三年被翻譯成法文與英文、並讓複式簿記在西歐廣為流傳的《新方法》（*Nieuwe Instructie*），這本書的作

4　十五世紀中葉到十五世紀末的印刷作品。

者是絲綢旅行商人克里斯多夫（Jan Ympyn Christoffels）；以及世上僅存一冊、於一五五三年在倫敦出版的《做到完美計算的方法與模式》（*The Maner and fourme how to kepe a perfecte reconying*），作者為皮爾（James Peele），書裡更是附上了優雅的分類帳範例。

一九六六年，英格蘭及威爾斯特許會計師公會的圖書館被讚譽為全球會計及相關領域收藏最完整的圖書館。同時這也標示著一個強大信念的里程碑：穩健的會計是治國與商業成功之本。現代的會計專業就是依此理念而打造的。會計師事務所承諾將引導客戶穿越危機四伏的形勢，迎向偉大的成功。而四大會計師事務所與審計企業，也憑藉著眾人對此理念的深信不疑，獲得了巨大利益。但這樣的信念根基真的穩固嗎？四大會計師事務所真的是最值得信賴的嚮導嗎？地位又真的穩如泰山嗎？

第 1 章

超國家組織
——四大的壟斷與危機

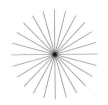

▌寡頭遊戲

回溯到幾世紀前至今，俗稱「四大」的德勤（Deloitte）、安永（EY）、畢馬威（KPMG）和普華永道（PwC）有著一段精彩輝煌的歷史。一則則積累財富、權力與運氣的故事，更是打動人心。事實上，我們現在如何工作、如何管理、如何投資，以及如何治理等等各種生活的層面，都深受四大會計師事務所影響。

這些事務所獲得了許多稱號與評價：資本主義的最高祭司、權可敵國、公共利益的捍衛者、自由市場的良心、企業誠信的英雄、優質的看門狗、毫無威脅的寵物犬、必要之惡、制度性寡頭壟斷、血汗企業、財富的會計師、白領詐欺的幕後推手⋯⋯這四間事務所都是功成名就的企業，發展過程更是扣人心弦。光鮮亮麗的外表之下，是一樁樁繽紛絢爛的商業成功傳說，同時也暗藏著道德妥協、職業焦慮、手法拙劣的投機、藏汙納垢的黨羽、吃相難看的企業聯姻、惡名昭彰的利益關係與晦澀難懂的儀式。

在這個看似有些枯燥、而且聲名狼藉的領域，四大會計師事務所就像天之驕子，也是會計界最輝煌的成功案例。二〇一一年，他們的總營收引人注目地突破一千億美元大關。自此之

後數字更是持續攀升，並於二○一六年突破一千三百億美元，約全球排名三十。在普華永道於二○一七年的奧斯卡頒獎典禮上惹出那場烏龍之前[5]，該公司與迪士尼、Nike與樂高共同入選全球十大「最具影響力」品牌。

倘若我們將在全球擁有近一百萬名員工（不含外包）的四大視為一體，無庸置疑，四大絕對是世界上最卓越的雇主之一。他們直接雇用的員工人數，比俄羅斯軍方的現役軍人還要多。要是把曾在四大工作過的員工也計算進去，更是數不勝數。四大過去的員工們，有些進入其他專業服務公司，有些則成為業界、政府部門的資深要角。部分前員工完全遵照「四大作風」行事，有些則是反其道而行。

普華永道的前合夥人吉勒斯（Paul Gillis）是這麼描述四大的：「超國家組織，本質上全然不受國土邊界所限制，完全超越那些以國家主義主張或以國為本、企圖約束管制的規範。」會計業界巨頭相互合併，締造出當今金融體制與民主形式。而在那些民主程度較低的開發中國家，或近期躍升為已開發的國家，他們也非常享受當地逐漸發展茁壯的商業連結。像在中國，這些公司成為經濟成長的代理人，也是最熱門的監控目

---

5 普華永道負責當年奧斯卡計票、稽核與保管信封，卻在頒發最佳影片時鬧出遞錯信封的烏龍事件。

標。

四大主宰了會計、稅務和審計服務等關鍵市場。舉例來說，幾乎所有英美大型企業的審計業務，都是交給四大其一或多間進行。二〇一七年的資料指出，標準普爾五百指數（S&P 500）的五百間公司中，有四百九十七間雇用四大來做審計，這些公司也幾乎買了四大提供的管理諮商服務。當年光是普華永道，就為《財星》（*Fortune*）五百大企業之中的四百二十二間公司提供服務。看來，倘若沒有四大提供的會計、審計和管理顧問服務，現代經濟體系將窒礙難行。

而四大在經歷了無數次複雜的商業聯姻與結盟後，終於走到如今這般崇高的位置（過程既複雜且反覆，讓人不禁聯想到碎形生物學）。在一九八〇年代，商業世界最明顯的特徵，就屬規模龐大（且動機可議）的企業合併了。以美國為例，當時出現了泛美航空（Pan Am）收購美國國家航空（National Airlines）、標準石油（Standard Oil）買下肯尼科特銅業（Kennecott Copper）、坎波企業（Campeau Corporation）惡意併購美國聯邦百貨（Federated Department Stores），還被《財星》評為「有史以來最漫長且瘋狂的交易」。而會計師事務所的合併，也在這十年之間邁入最高峰。一九八六年，畢・馬威（Peat Marwick）和以歐洲為核心的 KMG 合併，成立了畢馬威。一九八九年，恩斯特與惠尼（Ernst & Whinney）和亞瑟・

楊（Arthur Young）結合，成了現在的安永。同年，德勤哈士欽與賽爾斯（Deloitte Haskins & Sells）和圖謝羅斯（Touche Ross）合併，成為了德勤與圖謝（Deloitte & Touche）。而最後兩間大公司的結盟，也讓當時的八大事務所縮減成六大事務所。

在合併前五年，德勤哈士欽與賽爾斯曾一度想與普華（Price Waterhouse）合併。這個合併案簡直可謂天賜良緣：兩間公司的歷史背景相似，從會計界早期在倫敦的發展便有跡可循；此外，兩間公司都擔任過英國鐵路公司的顧問，也協助建立了會計這行的專業威望——這樣的合併絕對能創造出當代強權。當時，光是德勤哈士欽與賽爾斯在全美就有一百零三間辦公室、八千名員工；普華也有九十間辦公室和九千名員工。但內部對這樁合併案的反彈相當激烈，反對者宣稱，兩間公司有著截然不同的文化。事實上，他們之間的文化差異並不大，但考量到會計師事務所整體呈現出來的一致性——即便是微小的差異，也可能帶來極大的影響——於是，在全球合作夥伴共同投票後，這樁合併案被否決了。

到了一九八九年，普華再一次出手展開合併對談，對象換成由前員工一手創立的當紅炸子雞安達信（Arthur Andersen），不過仍舊鎩羽而歸。直到九年後，普華才終於和永道（Coopers & Lybrand）成功結盟，成為現在的普華永道，

並讓六大再次縮減成五大。

沒多久，安永和畢馬威開始暗通款曲，但雙方最終沒能走在一起（安永中國區的負責人嘆道，這樣的行動就像『對著年輕正妹展開熱烈追求……最後卻無緣無故被打槍』，可見要成功合併有多難。）即便如此，五大最終還是以所有人始料未及的方式，變成了如今的四大。二○○二年，在一樁涉及安隆（Enron）、世界通訊（WorldCom）和美國廢棄物管理公司（Waste Management）的醜聞爆發後，安達信會計師事務所以驚人的急速掉出五大之列，留下現在的四大。會計產業發展至今這般市場集中的局面，也讓其他巨型合併的可能微乎其微。

從那時候起，四大就變得穩如泰山、蒸蒸日上。而事實上，也正因他們如此成功，導致監管機關和評論家開始關注四大手中所握有的壟斷權力。與其他產業相比（如法律或工程），會計這行的競爭力明顯低得多；而審計服務市場的競爭狀況，也尤其薄弱。二○一六年倫敦《金融時報》（*Financial Times*）的編輯便呼籲，市場必須要有更強的競爭機制：「四間企業實在太少了，特別是他們絕對的稀缺性，使得嚴格的規範難以執行。」

在安達信退場之前，壟斷情況早就引起不小的關注。一九九七年，能多潔（Rentokil）財務長、也是富時一百指數

（FTSE 100）百大企業財務長團體代表主席皮爾斯（Christopher Pearce）對《經濟學人》（*Economist*）表示，普華和永道的合併將「減少審計服務的選擇性，並讓利益衝突增加」。早在一九七六年，美國參議院的麥卡夫報告（Metcalf Report）便憂心忡忡地指出，「和其他事務所相比，八大的影響力與規模遮天蔽日，大到他們基本上可全權操控美國會計與審計的地步。」關於壟斷與寡頭方面的經濟文獻，也確實相當豐富。對於一手掌握的市場，壟斷者可輕易哄抬價格、讓工作效率低下，或讓品質縮水。隨著四大能在絕對的壟斷勢力下執行審計作業，旁觀者不難察覺到審計服務開始出現商品化趨勢，而其能力範疇與信賴度更逐漸受到侵蝕。

▌滅絕等級事件

　　表面上，會計與審計產業似乎進入了一種極為舒適的均衡狀態。四大事務所在業界攜手合作；員工也規律地在這幾間公司內流動；四大在市場占有率與服務項目上相互競爭，卻也相互模仿彼此的定價、成果與行銷策略。儘管如此，無論這樣的處境是否舒適，該來的變革總會來。如今，四大面臨一個極不穩定的未來，他們處在新時代的前沿。而在本書中，我們將同時探討四大事務所的過去與未來，並揭露其主要服務範疇所面

臨的爆炸性壓力。舉例來說，科技革新迅速地讓傳統的審計模式變得過時，也另闢了新資源的爭奪戰場。整體而言，改變的壓力就像一股銳不可擋的力量，因此在五年之內，會計審計產業勢必會出現一股非常不一樣的變化。

當然，改變或許會來得更早，也可能伴隨著各種混亂而生。自一九七〇年代起，大型會計企業面臨的危機綿綿不絕，數千樁訴訟案更是如雪花般飛至。其中一些針對四大的審計服務提出的訴訟案，規模更是龐大到令公司深陷絕境。二〇一一年，英國特許公認會計師公會（Association of Chartered Certified Accountants，ACCA）就曾發表他們對審計公司所面臨的「潛在災難性訴訟」感到擔憂。

就在最近的二〇一六年，普華永道勉強逃過了財務上近乎等同天體生物學家所謂的「滅絕等級事件」。美國房貸巨頭TBW（Taylor, Bean & Whitaker）的董事長與主要所有者法卡斯（Lee Farkas）策劃了一場詐欺事件，導致該公司與主要子公司／主要放款者，也就是美國前二十五大銀行殖民銀行（Colonial Bank）破產。那起詐欺案涉及了現金轉移，也大大膨脹了 TBW 與殖民銀行資產的虛假信貸。在聯邦調查局突擊TBW 總部不久，這兩間公司旋即宣布破產。殖民銀行不僅是二〇〇九年以來規模最大的破產銀行，也是金融危機以來第三大的破產銀行，在那起案件中更是讓美國聯邦存款保險公司

（Federal Deposit Insurance Corporation，FDIC）損失了約莫三十億美元。上千名員工失去飯碗，大量的訴訟案件接踵而來。

聯邦檢察官稱法卡斯為「完美的詐欺者」。其他人則稱他是「魁梧的大學中輟生」和「喪心病狂的騙子」，說他「慷慨和邪惡的程度成正比」；那些承受各種委屈的員工們，則長篇大論地表明自己被「法卡斯」了。法卡斯和同謀被指控提供重大虛假財務資訊給美國證券交易委員會（Securities and Exchange Commission）與聯邦國民抵押貸款協會吉利美（Ginnie Mae）。二〇一一年法卡斯被判有罪，他除了被控侵佔三十億美元，且企圖從利用納稅人基金所成立的問題資產救助計劃（Troubled Asset Relief Program）騙取五億七千萬美元以資助殖民銀行。此外，他還利用不當所得購買魚子醬、度假豪宅、古董車、私人飛機、水上飛機、脫衣舞俱樂部、巴西的投資組合以及亞洲新創料理餐廳。被判處三十年有期徒刑的法卡斯，在北卡羅來納州的中等安全級別監獄內開始服刑生涯，而此處也是馬多夫（Bernie Madoff）[6] 服刑的地方。TBW 的前執行長艾倫（Paul Allen）、前財務長阿瑪斯（Delton De Armas）和前財務德布朗（Desiree Brown）也紛紛被判處有期徒刑。

普華永道在二〇〇二年至二〇〇八年間負責審計殖民銀行

6　前納斯達克主席，曾設計龐氏騙局讓投資者損失超過五百億美元，被判一百五十年監禁。

的控股公司，也就是殖民銀行集團（Colonial BancGroup）。TBW 的破產管理人指控普華永道不僅未能察覺這個根本難以忽視的詐欺行為，甚至還證明殖民銀行底下那些一文不值、根本不屬於該公司、或甚至從來不存在的資產，具有數十億美元的價值。於是，這起訴訟案讓普華永道面臨了審計公司有史以來最高求償金額：五十五億美元。

二〇一六年八月，普華永道解決了這起訴訟案。儘管協議的金額受到嚴格保密，但也被公認為四大所付出的空前高價。TBW／殖民銀行詐欺案與後續的效應，也登上了電視節目《貪婪美國》（American Greed）的其中一集；對審計員而言，這集的內容勢必讓他們看得無比煎熬。然而，這樣的煎熬還未結束。本書寫作的此刻，普華永道仍舊身陷 TBW 相關訴訟案，起訴者為前述損失了約三十億美元的美國聯邦存款保險公司，該公司也還在追訴殖民銀行的前審計公司國富浩華（Crowe Horwath）。

無獨有偶，當美國政府於二〇〇五年控訴畢馬威刻意出售避稅投資來抵抗美國國家稅務局（Internal Revenue Service）時，畢馬威也面臨了「滅絕等級事件」。這種避稅手段據稱每年能為畢馬威賺進超過一億美元的費用，並讓大國家短少數十億美元的稅金收入。然而畢馬威三生有幸，竟大難不死──美國政府最終並沒有提起訴訟。因為政府擔心定罪的結果不僅會

直接摧毀該公司，甚至會摧毀整個審計企業體制。他們也擔心，倘若沒了畢馬威，四大將變成三大，美國企業也將更缺乏完善的審計公司。儘管如此，這個情況對畢馬威而言仍是怵目驚心，畢竟局勢瞬息萬變，朝另一個方向發展也不是沒有可能。總而言之，畢馬威終究僥倖逃過了和曾同為五大事務所的安達信一樣慘烈的下場。

其他公司各面臨著其他問題。舉例來說，在一九九〇年代早期，安永不得不因為儲蓄與信貸危機方面的失誤，付出超過四億美元的代價；公司也被迫在報紙上刊登滿版廣告，駁斥這筆賠償金將使公司倒閉的謠言。二〇一〇年，安永再度陷入紛爭，經歷一連串的法律訴訟與災難，且被指控「處處展現輕忽與共謀」。在二〇〇八年那起自大蕭條以來最嚴重的金融危機裡，四大不僅牽涉極深，表現更是飽受非議。舉例來說，在殖民銀行破產的前幾年，德勤負責 TBW 的審計；而德勤也於二〇一三年，以支付和解金的方式，解決了三起與此相關的訴訟案。

而同樣危險的是，四大還紛紛捲入一連串嚴重的稅務醜聞案，包括盧森堡解密（LuxLeaks）和天堂文件（Paradise Papers）。我們如今活在一個極度透明、充斥著數位衝擊的時代，而在四大所有服務領域中，稅務諮商首當其衝。

這些企業往往如臨深淵，監管機關和立法機構甚至要求他們準備好「生前遺囑」（Living wills）──這個聽起來悲傷、借用銀行用語的詞彙，意指透過應急措施將客戶與合約依序進行轉讓過渡，將可運作的業務單位進行切割，並儘速將無法運作部分清算。內容也包括與監管機關的協議，像是萬一災難性的破產情況真的發生了，其資產、員工與資金該如何處置。

我們可以從安達信之死鮮明且深刻地理解，這類失敗可能會是怎麼樣的光景。安達信二○○二年被判處妨礙司法罪名，員工人數從八萬五千人縮減到微乎其微的兩百人。判決的前一年年尾，安達信全球執行長貝拉迪諾（Joe Berardino）還曾巡迴各個海外分部，向員工保證「一切都會沒事」。在公司瓦解前的一個月，安達信甚至演變成一樁笑料。舉例來說，二○○二年一月於華盛頓特區舉辦的苜蓿草俱樂部（Alfalfa Club）晚宴上，當時的美國總統小布希（George W. Bush）開玩笑說自己剛收到海珊（Saddam Hussein）傳來的簡訊：「好消息是，他同意讓我們審查他的生物與化學軍事裝備；而壞消息是，他堅持要讓安達信來審查。」

安達信垮台所造成的餘震，傳得既深且廣。一流應屆畢業生去大型會計師事務所就職的意願開始變低。民調則指出，會計是較缺乏職業道德的職業。而這些公司也在《沙賓法案》（*Sarbanes-Oxley Act*）的作用下，受到政府更嚴格的監管。然

而，最深遠的影響卻落到安達信的前員工身上，也就是那些「與安隆事件毫無關係，卻還是因此丟了工作」的大多數職員——他們全都被「安隆」了。

作家羅伯·萊克（Robert B. Reich）表示：

> 部分資深合夥人跳槽到其他會計或諮商事務所。原執行長貝拉迪諾……在私募股權公司中，獲得了一份薪資可觀的工作。某些資深合夥人成立了一間新的會計師事務所。但許多階層較低的員工卻受到嚴重的衝擊。在該公司被判有罪的三年後，仍有大量的員工沒能找到工作。

合夥人與員工失去了絕大部分的退休福利。當最高法院最後推翻了安達信有罪的判決後，受害前員工在員工專屬的論壇上寫道：「這是否意味著，我們可以因為美國司法部毀了我們的人生，而控告他們？」

▋ 從梅迪奇銀行開始

多數撰寫商業與經濟的文獻，對於「公司」都有著既定的形象，也就是生產實體商品的業界公司。儘管如此，這類公司在現代經濟中的代表性已經愈來愈低；提供特定服務、且以智

慧財產進行交易的公司，近來尤其欣欣向榮。四大就是最好的例子，且事實上還是極為典型的範例。對經濟與商業研究而言，觀察他們如何脫離傳統標準企業的軌道，相當具有實務上的意義。

　　四大提供我們極為罕見的機會來仔細研究服務型企業。儘管如此，這個機會呈現的方式尚未盡如人意。即便四大會計師事務所早已舉足輕重、鴻業遠圖，但其所身處的境況往往如履薄冰，所留下的更是少得令人吃驚。以四大經營為主題的著作為數不多，且既存的研究往往也帶著特定的角度。大致而言，關於審計與會計學術文獻研究的範疇較為狹隘，缺乏對歷史背景的探究；且多數研究者對於四大的態度，更經常抱持著推崇備至，或至少沒什麼敵意的態度。除此之外，如同寇伯與羅伯森（Cooper & Robson）二〇〇九年所提出的，多數會計師事務所的歷史都在「特定的觀點與取向下被輝格化（Whiggish）[7]。他們傾向將注意力放在公司的領導者身上，並將那些因應客戶與市場需求而組織的事件，視為職業理想方面的成功。」一九九〇年，前美國聯邦法官伯瑞吉（Michael Burrage）曾對於此領域的歷史研究表達了相似的看法：

7　此詞彙是由歷史學家巴特費爾德（Herbert Butterfield）所提出，意指歷史學家以現今的觀點來研究過去，亦即帶著特定觀點或色彩來解釋歷史。

（歷史學家）偏好關注業界菁英，以及那些引起監管單位注意的事件。而他們鮮少關注基層員工的工作實況，鮮少提及其他專業，鮮少將該專業領域所發生的變化和外在社會變化做聯想，也因此鮮少會有任何原因讓他們覺得應該對業界進行批判。他們最主要的任務是重新記錄那些可靠的領導者如何帶領公司面對問題。

對於想要真正看清會計產業面貌的人而言，另一層困境就是關於四大的既存歷史，大多都在這些公司的委任下書寫而成；在他們的行銷與企業交流中，這些公司所宣揚的，是一份安全且經過同質化的歷史。儘管如此，在綜觀各大公司的歷史故事後，我們可以發現，在主流敘事與真實歷史間往往存在著不小的差異，在四大的研究上也不免如此。事實上，與經過刪減的版本相比，完整的歷史真貌更為多采多姿、精彩萬分。

本書的目的是企圖理解四大的過去、現在與可能的未來。為了反映我們的興趣與背景，我們採用了我們主觀認定上較為新穎的觸及方式。英國經濟史學家史紀德斯基（Robert Skidelsky）二〇一六年曾寫道：

當代的專業經濟學家們……除了研究經濟，幾乎什麼都不碰。他們甚至不讀該領域內的經典書籍。即便觸碰到經濟史，也是看看數據設定。教導他們何為經濟學方法之極限

的哲學，被遺忘在一旁；費時費力又引人入勝的數學，則獨佔了他們的心智視野。經濟學家就像我們這個時代的傻子專家。

如今，史紀德斯基的批判在許多會計領域學者的身上亦適用，也是我們應時刻引以為鑒的警惕。正因如此，我們將嘗試去釐清會計在歷史與社會中的位置。

會計企業的合夥人與員工們所使用的工具，是在經歷一連串革新後所得來的：印度阿拉伯數字、「零」的發明、數學中的分數、資產與負債的概念、天才般的複式簿記、那令人憂心的審計執行（對不同的人，其具有的意義也永遠不同）──這一切的創新全都來自某處或某人。科學、商業與文化的歷史，能為如今深陷困境的會計，提供寶貴的啟發。為了從四大身上獲得獨特的見解，我們必須看得既廣、讀得深。我們參考經典的商業書籍，也閱讀了狄更斯（Charles Dickens）和英國小說家薩克萊（William Thackeray）、義大利數學家帕西奧利和費波那契（Leonardo Fibonacci）、達爾文（Charles Darwin）和前中情局職員史諾登（Edward Snowden）等人的著作。這本書想要呈現的，並不是關於一種概念或組織的歷史，而是有血有肉、會犯錯的人類故事。

四大會計師事務所擁有豐富的文化背景：像是造雨人

（rainmaker）[8]、選美（Beauty parades）[9]、業績、全方位評估、休閒星期五、一致性會議、資格會議、站會（tand-up meetings）[10]、共用辦公桌制、自食其力、摧毀原則、家庭日、考績定去留（Ranking and yanking）、升官或出局。發現者、維護者、操作者。金色之握（Golden handshake）[11]、金色降落傘（golden parachutes）[12]、金色緩衝（Golden cushions）[13]……等等。四大的合夥人與員工們共享著知識與交易技巧的行話，內容就跟那些流傳在舞台劇、溜冰界或軍中傳統一樣豐富。透過內部與外部視角，我們企圖精確地捕捉四大的企業文化，讓人理解四大內部的工作真貌。

對於要決定該從何處著手、書寫四大巨頭的作者而言，媒材的選擇多到目不暇給。這些公司的活動與服務，可以從現代早期一直追溯到中世紀、古典時期或甚至是更古老的先例。在今日，會計內容像是為新聞而生，實則自數千年以來一直都是如此。舉例來說，在古老的美索不達米亞，最初的會計與審計人員會評估收成、記錄王室的開銷，並清點進貢品和稅金。他們的行為被記載在泥版上，遠比《算術摘要》早了數千年。會

8　企業需要資金，能引進資金者便是造雨人。
9　藉由精挑細選篩出潛在供應商的過程。
10　每日會議，更新各別職員的工作進度。
11　大筆離職金。
12　一種補償協議，亦即當公司被併購，高層員工出於被動或主動離職時，可獲得的優渥賠償。
13　高投資報酬率，且帶有資本保護措施的投資商品。

計師大可以宣稱自己發明了書寫，並創造了世上第一本書。

我們選擇中世紀後期的梅迪奇銀行（Medici Bank）與文藝復興時期作為起點。這間知名銀行的歷史背景中，蘊藏了與當今會計業息息相關的重大知識。該銀行的創辦人建立了合夥結構，奠定了專業的基礎，幾乎可直指四大就是依著這個脈絡而生的。梅迪奇的歷史也與某幾位前瞻遠矚的會計前輩，以及他們的人生與熱誠，呈現有趣的並行關係。因此，梅迪奇（加上英國鐵路）成為最強而有力的著眼點，讓我們得以檢驗四大的起源和目標。

本書的書寫目標也包括了企業化、數位衝擊和監管分離，像是發展出提供全方位服務的會計業巨頭，以及其他一些純粹提供審計或諮商的行業。但無論採取的形式為何，四大的改變迫在眉睫，無論對員工、合夥人、客戶，還是我們整體的民主與經濟體制，都將產生極大的影響。而本書的目的之一，就是讓所有人能為這個影響做好準備。

我們希望這本書能如一場及時雨。四大往往只有在鑄成大錯時，才會受到嚴格的審查：像是重大的審計失誤，或糟糕透頂的巨型合併等。儘管如此，四大當前所面臨的壓力就和那些可能一手導致企業陷入重災的事件，同樣危機四伏，且可能同樣劇烈。

在一九五八年的《會計評論》（*Accounting Review*）期刊上，財經作家史戴西（Nicholas Stacey）試圖解釋，為什麼在現代文獻中很少見到會計師的身影；他寫道，會計師「缺乏浪漫氣質」。然而，我們並不同意這個觀點。在本書中，我們將努力地從四大的過去、現在或未來抽絲剝繭，捕捉會計浪漫、顯赫與高尚的種種。

▋ 本書結構

PART 1「幼年期」探索四大的經濟與文化歷史淵源。我們研究了四大的全球合夥結構在中世紀至早期現代的雛形，檢驗了現代會計師事務所的創辦故事，並講述四大過去的合夥關係早期的重要意義。這部分的重點著重在先驅、創辦者及大環境，以及合夥關係與專業的交互作用。

PART 2「成熟」描述四大當代的體現：他們是如何定義自身、看待職業價值以及拿捏分界，又是如何包裝自己以及雇用員工。我們試著透過這部分來理解當代四大的文化是如何興起、又是如何成為會計文化的重要特徵。

PART 3「成年後的困境」則探索四大當前所有主要服務項目必須面對的挑戰。四大出現一系列規模龐大的災難，全可追

溯至某些反覆發生的導因，包括服務項目間所出現的根本性衝突，以及明顯並未耗費充分心力的審計服務（審計服務對四大的品牌聲譽而言，有著獨特且重要的價值）。在這個情況下，「審計期望落差」便成為四大的關鍵戰場。我們不僅審視了該戰場，也沒有錯過伴隨著出現的「審計品質」之憂。此外，稅務領域也存在著諸多問題。我們探究了四大出現的稅務災難，以及新的道德披露又如何破壞舊有的避稅手段。該部分也囊括了四大在自身最重要的新興市場──中國，必須面對的大量挑戰。

最後，PART 4「迎來暮年」將著重於會計業版圖的淘汰與殘局。我們將展望不遠的將來，以及四大可能的「暮年」。從四大所面臨的挑戰與災難當中，有太多值得學習之處。我們將看到新舊夾雜的壓力，如何迫使這些企業徹底改革。這些壓力包括科技變革、監管行動，以及破壞性競爭的出現。這些影響在四大每個層面都造成了衝擊，員工、所有權、架構、網絡、服務和方法無一倖免。同時，我們也將重回中世紀與文藝復興時期，探究一個國際化、多元化且網絡化的組織，是如何陷入萬劫不復的境地。我們將在探究四大的傳奇後，做出總結。

PART

幼年期

關於四大會計師事務所的趣聞，有時會在意想不到的地方出現，像是中世紀的佛羅倫斯。四大的現代史，與前現代（pre-modern）和近代（early-modern）時期的梅迪奇銀行史，有著極為驚人的相似之處。過了好幾個世紀，梅迪奇銀行的組織架構與雇員準則，以及員工如何效命、怎麼生活，仍以相當奇妙的方式重現。因此，我們把這段關於梅迪奇銀行歷史的探索，視為四大前身的探究；在稍後的章節中，我們將追溯某些雷同之處，並在第 14 章進入對四大可能的終局探討之前，再次深入考究梅迪奇銀行。

四大的根基立於早期幾樁金融醜聞之上，經歷工業革命時期，集中在英國鐵路快速發展的十九世紀。我們將在這一部分探討這些根基，以及梅迪奇的重要創辦人，與他們引領運作的理念與態度。

第 **2** 章

盛名遠播

——作為四大前身的梅迪奇銀行

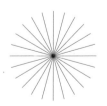

▌商賈之國

　　被世人稱為「痛風者」的皮耶羅・德・梅迪奇（Piero de Medici）生於一四一六年。一四六四年，他的父親過世，四十八歲的皮耶羅便繼承了那名聞遐邇、經營狀況良好且獲利可觀的家業。皮耶羅的父親是赫赫有名的柯西莫（Cosimo de Medici），祖父為喬凡尼（Giovanni de Medici）；梅迪奇銀行在他們兩人的手上，從家族事業搖身一變，成了全歐洲最重要的私人企業，也是全球最大的銀行。

　　梅迪奇銀行的總部位於佛羅倫斯，也就是托斯卡納的首府。在中世紀晚期，佛羅倫斯不僅繁榮興盛，更是全球的金融中心。大型金幣佛羅林（florin）最早就是在這裡發行的，並以此地為名；這種貨幣在歐洲廣泛流通，也為佛羅倫斯增添了幾分威望。

　　與中世紀晚期許多歐洲城市不同，佛羅倫斯是由商人家族，也就是梅迪奇銀行所統治。梅迪奇銀行的一舉一動與整個佛羅倫斯地區交織在一起，盤根錯節的程度甚至令人難以區分銀行與國家的界線。柯西莫過世後，皮耶羅不僅掌管了梅迪奇銀行，實質上更統治著佛羅倫斯政府。

　　儘管梅迪奇銀行的起源被各種神話與謠言所籠罩，但最早

可能源自一個犯罪組織。尼爾·弗格森（Niall Ferguson）在《貨幣崛起》（*The Ascent of Money*）中寫道：「一三九〇年代以前，與其說梅迪奇是銀行家，不如說他們像一群幫派份子：他們是不太起眼的地方角頭，以低劣的暴力行為聞名，而非高端融資」。美國歷史學家吉恩·布魯克（Gene Brucker）深入研究該家族的犯罪性源頭後，發現在十四世紀中期，就有五起梅迪奇家族成員因謀殺罪名而被法院判處死刑的實例。而每一次，梅迪奇家族都憑著雄厚的財富資本，讓家族成員洗刷罪愆。除了謀殺案件，布魯克還找到了一份犯罪記錄，上頭記載了梅迪奇家族成員在一三四三至一三六〇年間所犯下的其他暴力罪行。

殘酷無情或許是早期梅迪奇銀行之所以能成功的兩大因素之一，但另一個因素就沒有那麼駭人：他們採用複式簿記會計法。倘若皇室會計法本質上屬於封建思想，那麼複式簿記的本質就是資本主義。對於所有權分散的擁有者和索賠者而言（如托斯卡納商業合夥制度下所有權分散的擁有者），複式簿記是個計算並分配獲利的理想辦法。這也正是中世紀晚期，佛羅倫斯商人在複式簿記的發展與使用上，扮演關鍵角色的原因。早在一三四〇年，佛倫羅斯的商業組織就採用複式簿記會計方法了。

在文藝復興時期，促使複式簿記傳遍歐洲的最大功臣，非

梅迪奇莫屬。身為歷史上最早的國際金融機構之一，梅迪奇銀行明白認真看待資產各種可能性的重要。儘管柯西莫的面貌異常醜惡（旁人描述其膚色慘白、雙眼不對稱、下顎凸出、嘴唇單薄、頭髮稀疏），他在佛羅倫斯仍是備受愛戴；從佛倫羅斯境內至海外，柯西莫都握有極大的影響力。從父親喬凡尼的身上，柯西莫學到了嚴謹簿記的重要價值，並憑著自己兼具睿智銀行家與英明統治者的表現，建立起崇高的聲譽。

而與天主教會之間（商業多於精神上的）緊密關係，也成為柯西莫成功的關鍵因素。他精明地借款給那些可能平步青雲的潛力股，也就是未來可能會成為主教、樞機主教或教宗之輩。舉例來說，當托瑪索·帕羅多伽利（Tommaso Parentucelli）還是波隆納主教時，柯西莫提供他必要資金、助他成功上位。喬凡尼也曾進行類似的投資，像是資助了聲勢正旺、個性海派的拿波里人巴爾達薩雷·科薩（Baldassarre Cossa）。海盜出身、且終其一生都保有海盜作風的科薩曾向梅迪奇借錢，好讓自己得以長驅直入，獲得樞機主教一職。帕羅多伽利與科薩最終也都成為教宗；位高權重的他們，也都因為梅迪奇銀行早期的援助，給予了相應的回報。[14]

14　梅迪奇也利用自己的力量阻止其他司鐸的晉升。最惡名昭彰的例子，就是梅迪奇銀行曾阻止一名年輕神職人員成為主教，不料，表面上單身的樞機主教竟是年輕人的父親，樞機主教出面付清債務後，這樁鬧劇才終於停止。

經由這種方式，梅迪奇成為天主教會最喜愛的銀行；而教會的銀行業務，也成了家族的核心事業。教會的影響力無遠弗屆，在財務上的需求既龐大又穩定：梅迪奇自此高枕無憂。在喬凡尼與柯西莫一前一後的領導下，銀行獲利超過五〇％來自羅馬教會。柯西莫承襲了父親的風範，除了小心翼翼、精打細算地管理借款者，也深諳剛柔並濟之道。[15] 懂得靈巧把玩權力的梅迪奇，就這麼締造了一個令各地競爭者都分外眼紅的事業。

▌持滿戒盈

除了神職人員，柯西莫也資助許多藝術家和文學家。當人文主義者尼科利（Niccolò de Niccoli）因為買下並出版太多書籍而「自我毀滅」時，柯西莫給予他無上限的信用額度。尼科利過世後，他那數量驚人的手抄藏書也就轉移到了柯西莫的手中。柯西莫也將其中的四百本贈與佛羅倫斯聖馬可修道院，此外的多數收藏，則進了他的私人圖書館。柯西莫同時擁有金融家與收藏家的直覺，自此評論家也經常將這兩種能力相提並論。《義大利紅頂商人：梅迪奇家族的金錢傳奇》（*Medici*

15　梅迪奇鐵腕實例之一：面對科薩這樣不太可靠的借款者，喬凡尼便以鑲滿珠寶的教皇法冠，以及一個取自教皇寶庫的黃金圓盤來作為債務抵押品。

Money）的作者堤姆‧帕克斯（Tim Parks）就在收藏的習慣中，看出藏家對「控制、秩序與占有」的欲望——而這也是會計與財務最基本的推力。

收藏的行為同時也與梅迪奇家族另一項渴望息息相關。儘管該家族的起源與犯罪脫不了關係，但或許正因如此，柯西莫與家族極其渴望獲得外界的尊敬與推崇。有些時候，柯西莫會貪圖便利而便宜行事：舉例來說，中世紀經濟史學家雷蒙‧德魯弗（Raymond de Roover）在《梅迪奇銀行的興衰》（*The Rise and Decline of the Medici Bank : 1397-1494*）中便指出，一四五七年柯西莫曾準備了一本偽造的財務報表，並「要求代理者竄改資產負債表中的特定數字，再呈交給稅務官員」。他並不是史上第一位因稅務需求而做假帳的商人，他也在聖經對高利貸禁令的灰色地帶巧妙遊走。然而，柯西莫更是不遺餘力地讓自己成為他人眼中注重道德的商人，一個懂得回饋社會、並善待欠債者的人。他不僅從父親喬凡尼身上學到完美聲譽重要性，還提倡無論在商場上還是自身生活中，都應維持一貫的謹慎與節制。像是他對賭博深惡痛絕，並要求所有資深同僚都得遵循他簡樸的作風。

一四二九年二月二十日，喬凡尼在臨終前召集了所有家族成員，包括妻子、兒子與兒媳，留下了最終遺言：

我將好運帶給我的巨大財富，留予你們了……別老是擺著指導別人的高姿態，要用溫和而善良的道理來討論事宜。警惕自己不得頻繁出入宮廷；反之，等待宣詔，俯首聽命，別因獲得許多支持而驕矜自滿。要留心百姓的祥和，促進城市的商業。避免涉入訴訟或企圖影響正義，因為任何妨礙正義者，終將受正義制裁。我沒有讓你們背負任何汙名，因我不曾犯下罪行。如此，我留給你們的是榮耀，而非罪孽。倘若你們能遠離一切黨爭，我將更歡喜愉悅地離去。不得引起大眾關注，慎之，慎之。

柯西莫自始至終依循著父親的建議，尤其是「不得引起大眾關注」這點。有幾個原因，其一是基於他不甚理想的身體狀況；謠傳柯西莫晚年深受疫病折磨，導致許多佛羅倫斯人不敢前去拜訪。儘管如此，另一個更重大且深遠的原因，則是因為梅迪奇家族的事業必須仰賴謹言慎行，他們的權力構築在神祕的光環之上。

▋跨國企業

在梅迪奇銀行的鼎盛時期，於羅馬、威尼斯、布魯日、倫敦、比薩、亞維農、米蘭、巴塞爾、日內瓦、呂貝克、科隆、安科納、蒙彼利埃、佩魯賈與羅德島等地，都有分行或

代理機構。在中世紀晚期與文藝復興時期，教宗是唯一一位在歐洲大陸各處都擁有臣民的統治者。這些臣民（遠至冰島與格陵蘭）所繳交的十一奉獻（tithes）和稅金，便成了教會活動的主要資金。梅迪奇對這些支出的謹慎管理，可謂極為重要。

該銀行也派遣了一支巡迴分部時時刻刻跟隨著教宗，以滿足他財務上的需求。舉例來說，早在一四一九年二月至一四二〇年九月期間，巡迴分部就有陪著教宗馬丁五世（Martin V）住在佛羅倫斯多明尼克修道院的先例。一四三七年至一四三八年間，巡迴分部追隨教宗恩仁四世（Eugene IV）去了波隆那和費拉拉。隔年，教宗移至佛羅倫斯同間修道院，主持了那場企圖將羅馬天主教與希臘正教合併的會議，巡迴分部也伴隨在側——儘管如此，在這兩段期間內，銀行位於佛羅倫斯的分部仍都正常營運。一四三九年的會議期間，巡迴分部在聖塔瑪麗亞諾維拉教會與修道院附近出任務，離佛羅倫斯維阿拉格亞（Via Larga）的一般分行不過幾條街遠而已。

在早期的教會會議，也就是一一七九年舉辦的第三次拉特朗大公會議上，教會明文敕令驅逐所有放高利貸者；在一三一一至一三一二年所舉辦的維埃納大公會議中，這個立場也被再次確立。放高利貸的天主教徒將如妓女一般，不得領取聖餐。除非此人賠償返還、完璧歸趙，否則將不得葬在任何聖地之內

（根據傳說，放高利貸者的心臟位於金庫，而不是在身體裡面）。在同時期但丁的《神曲》（*Divine Comedy*）第十七章，就有生動描述放高利貸者在地獄中的情景：「那群悲慘的人……雙眼迸發出他們的痛楚……每個人的脖頸之上，都有個大大的錢袋，而他們的目光似乎皆死盯著錢袋，無法離開。」放高利貸者與褻瀆神明者、雞姦者共處同一個深淵。

儘管如此，在中世紀晚期與近代早期，人們對債務融資的愛好就如同禁令的強度般那樣強烈。商人和製造者都需要資金來交易事業或建造新廠房。而教會高層對於財務方面服務的需求，也同樣根深柢固。這些神職人員常常處於捉襟見肘的窘境；而有時候卻可能因握有大筆現金而急需一個拿來存放──或隱藏的地方。

這個時期最具代表性的大型宗教會議與協商活動，更是同時創造出銀行服務的超前需求。所有名流權貴都會參與這些盛會，銀行則會開啟暫時性的分行，來為他們服務；為期長達四年半的康士坦斯大公會議就是一個例子。

康士坦斯大公會議於一四一四年召開，為的是協調三位教宗同時爭奪正統性的尷尬分裂情況。而這樣的會議需要龐大的後勤工作支援，並引來一批隨行者，包括大量的妓女、雜耍演員和銀行家。整個會議期間，梅迪奇的巡迴分部也總是隨侍在

側。[16]

除了為與會者提供金融服務，梅迪奇本身也在會議中扮演關鍵的角色。梅迪奇銀行資助大會少數幾位參與者，包括企圖爭奪正統性的其中一位教宗科薩。當時，開始自稱若望廿三世（Pope John XXIII）的科薩，便在幾位「達官顯貴」的陪同下（包括當時才二十六歲的柯西莫）抵達會議地點。

然而，儘管得到銀行這座靠山，科薩最終沒能成為唯一的教宗。在他提出的請求失敗後，他喬裝成郵差，在弓箭手的掩護下倉皇逃離。沒多久他就被抓住，並因為海盜、強暴、雞姦、謀殺和亂倫的罪名接受審判。一四一九年，在科薩當了幾個月神聖羅馬帝國皇帝的囚犯後，喬凡尼替科薩支付了三萬八千五百枚古爾登金幣（Rhenish guilders）的救贖金。從前，梅迪奇花錢替科薩鋪下一條路；現在，他們也用錢將他救回來。喬凡尼讓科薩在佛羅倫斯住下來，並替他向大公會議最後遴選出的正統教宗馬丁五世說情。科薩的聲望獲得了一定程度的恢復，也修補了與教宗的關係，獲得了對方的寬恕，還被任命為

---

16 這些會議同樣吸引了許多藏書家如波焦・布拉喬利尼（Poggio Bracciolini）和柯西莫的好友尼科利，他們對於古老且罕見的書籍（最好是手寫在羊皮紙上）有著難以滿足的渴望，甚至會為了那些被忽視的書籍而襲擊鄰近修道院。在史蒂芬・葛林布萊（Stephen Greenblatt）二〇一一年出版的《大轉向》（Swerve）中，描述了布拉喬利尼如何重新發現羅馬詩人盧克萊修（Lucretius）的作品。而《物性論》（On the Nature of Things）也被反覆印刷無數次，更推動了現代科學的發展。

圖斯庫魯姆（Tusculum）的樞機主教。幾個月後，科薩過世；作為遺囑執行者的梅迪奇，委任了著名雕塑家多納太羅（Donatello）與建築師米開羅佐（Michelozzo）替科薩在聖若望洗禮堂，建造了一座美輪美奐的墓。

對於像梅迪奇這樣的銀行而言，外幣交易是規避高利貸禁令的聰明手段。舉例來說，銀行可以借出古爾登金幣，再收回佛羅林，並在匯率之中加上邊際利潤（實際上就是隱藏利息）。如今的跨國企業在不同國家事業部門轉移資金時，手法也是大同小異。梅迪奇大規模地進行動作，並以同樣有利可圖的方式提供保險及信用狀。

隨著時間的發展，梅迪奇拓展了原本的事業，除了金錢外，也開始涉足商品市場。梅迪奇家族成為明礬、鐵、魚、馬、牛油、胡椒、薑、杏仁、橄欖油、羊毛、絲、掛毯、皮草、寶石、古董文物和奴隸等商品與貨物的主要交易戶。從杜埃、康布雷到布魯日，該銀行四處收購能在羅馬聖若望大殿上唱女高音的閹童。梅迪奇的貿易網也順著絲路延伸至印度，甚至到中國。如此多樣化的生意路線風險極高，獲利卻也相當驚人。而當他們因為絲綢、錦緞和珠寶收取教宗「過高的費用」時，往往能從中獲取更可觀的利潤。

像是明礬就是一種供不應求的重要商品。用途包括了去除

羊毛的油脂、作為染料的定色劑、鞣製皮料、製作玻璃和調配多種藥物。除了交易明礬外，梅迪奇也涉足明礬的生產，並試圖聯合其他供應商，來限制歐洲的供應。

▌ 家族

十四、十五世紀時，義大利的奴隸往往來自四面八方，包括韃靼利亞（Tartary）、俄羅斯、切爾克西亞（Circassia）[17]、亞美尼亞、保加利亞、巴爾幹半島和黎凡特（Levant）。佛羅倫斯的奴隸多為女性，擔任界線模糊的幫傭或侍妾。在文藝復興時期的歐洲，威尼斯和熱那亞為主要的奴隸市場；在這幾個城市，來自阿迪格（Adyghe）的佳人或阿布哈茲（Abkhazian）的美女待價於市。梅迪奇銀行的威尼斯分行也熱切地參與這些交易，舉例來說，一四六六年，佛羅倫斯貴族、商人兼歷史學家菲利波・魯契尼（Filippo di Cino Rinuccini）從梅迪奇銀行手中，以七十四又二分之一枚佛羅林，買下一名年約二十六歲的俄羅斯女子。在柯西莫一四五七年的稅務報表中，家庭項目中就列了四名奴隸，皆為女性，年齡各異。

一四二七年，在威尼斯的里亞爾托鎮（Rialto），柯西莫的

---

17 位於俄羅斯北高加索，大概在今天卡巴爾達巴爾卡爾共和國與阿迪格共和國。

代理人波爾蒂納里（Giovanni Portinari）買下一名俊俏的切爾克西亞女子；這名二十一或二十二歲的女子，被評為「完璧處女，絕無病恙」。柯西莫給她取了「瑪德蓮娜」（Maddalena）這個義大利名，並讓她成為家中的女僕。在瑪德蓮娜進門的一兩年內，她與柯西莫有了一個兒子卡羅（Carlo），也就是皮耶羅的異母弟弟。儘管柯西莫其貌不揚，金錢仍能讓他擁有不錯的日子。

義大利的棄嬰醫院裡，充斥著大量奴隸與其主的後代。儘管如此，這些孩子多數會獲得父親的承認，成為半合法繼承者。柯西莫如同這些父親，坦誠地面對自己的親子關係與義務：卡羅在梅迪奇家中長大，瑪德蓮娜也坐上家族餐桌，並在這個家族中待了二十多年——他們是一個非常現代的家族。

梅迪奇銀行中沒有任何女性員工，連卡羅也沒有加入家族事業。相反地，卡羅加入了神職人員行列，並進一步強化了銀行與教會之間的羈絆。他成為瓦亞諾（Vaiano）聖薩爾瓦多修道院的院長，並在晚年成了普拉托（Prato）的大主教。作為一名有文化素養的人，卡羅仿效父親擁有一小批收藏，並於一四九二年在佛羅倫斯逝世。

▌安全機制

　　就會計與企業歷史而言，梅迪奇銀行的其中一項特色特別重要，也就是安全機制（failsafe）。事實上，銀行就像一種合夥關係網絡，每一名成員都在明確的地理區域中，提供一系列明確的服務。在這樣的結構之下，梅迪奇管理著一個充滿各種變化的大型、分散合夥性組織，像是分行與分行之間、或同一分行內部的地盤之爭；成立新辦事處或提供新服務的論辯；開銷與收益該如何分配的爭執；合夥人的退休；遊手好閒合夥人的去留等。

　　這些變動定義了梅迪奇銀行的內部文化，畢竟他們有維持強大系統的需求，也得嚴格控管分行的財務、掌握各處的各式活動。由於沒有外部的會計專家支援，銀行相當倚重內部嚴謹的會計師與審計者，如塔尼（Angelo Tani）和利卡索里（Rinieri da Ricasoli）。他們仔細審查銀行哪些交易帶來利潤、哪些又造成了損失。時不時就會有貪腐或無能的管理者試圖謊報利益、粉飾拖欠的情況、將借出算作收益，或犯下更有創意的詐欺行為。塔尼和利卡索里的職責就是確保所有管理者正直無私，並把最壞的情況攤在陽光下。

　　十四世紀時，佩魯奇（Peruzzi）、巴爾迪（Bardi）和阿伽瓦利（Acciaiuoli）這幾間銀行主宰了義大利的財政，亦為梅迪

奇銀行古老的對手。其中佩魯奇銀行也是在佛羅倫斯起家，他們展示了當時銀行的結構會有多大的風險：佩魯奇採單一合夥制度，家族成員握有絕大多數的所有權，而在一三三一年，佩魯奇銀行遭外人奪去。目睹此事後，梅迪奇銀行下定決心，絕不落入這步田地。

其中一個關鍵保險政策就是梅迪奇家族所創的加盟商業模式。縱使有限合夥網絡很難被併吞；但更重要的是，加盟制度能讓各分行在法律上與財務上，防範其他分行的損失與之後產生的波及。比方說，倘若其中一個分行被控違約，其他的分行並不會因此受累。如同雅各・索爾（Jacob Soll）在《大查帳：會計制度與國家興衰的故事》（*The Reckoning: Financial Accountability and the Making and Breaking of Nations*）中所指出的，「當波爾堤納利（Tommaso Portinari）因為九捆羊毛包裝有缺陷而被起訴時，他指出那些羊毛是由倫敦分行進行捆紮的，布魯日分行不需為此負責，並成功為自己辯護。」加盟結構還有另一項好處：可以清楚追究各分行管理者在獲利或虧損方面的責任。

梅迪奇在自己的結構中添加了安全機制。舉例來說，他們保有定期針對合夥關係談判的權利，且能隨時解除關係；因此所有合夥人都只能任由佛羅倫斯「總部」處置。與早期的對手不同，梅迪奇銀行會給予分行管理者薪水之外的一部分獲利。

在每一個財務年度結束後，總部會解除合夥關係，檢驗帳目，進行算帳並分配利益。分配利益的做法，不僅能激勵合夥人，更能鼓勵年輕員工盡力拿出好的表現。成功的年輕員工有機會成為合夥人，也有獲得更大筆收益的機會。因此，與同業相比，梅迪奇在創造「合夥制度」上的貢獻極為顯著。

第 **3** 章

成為英雄
——危機四伏的十九世紀

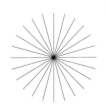

▌在危機中崛起

倫敦的倫巴底街（Lombard Street）是英國著名的金融區，聚集全國乃至全世界最具影響力的金融機構與公司行號。十九世紀時，倫敦早已取代佛羅倫斯，成為全球金融中心和金融創新的主要推手。四大的前身全都可以直接追溯至十九世紀的倫敦，如德勤與格林伍德（Deloitte & Greenwood）、庫珀兄弟（Cooper Brothers，普華永道 PwC 的 C）、W. B. 畢特公司（W. B. Peat & Co.，畢馬威 KPMG 的 P）和馬威密卓爾公司（Marwick, Mitchell & Co.，畢馬威 KPMG 的 M）。十九世紀，會計業邁入繁盛期，同時也是會計業的「西部拓荒」時期，當時的發展甚至比一九八○年代的盛況還要蓬勃。一八一一年，名列倫敦貿易工商名錄中的會計公司共有二十四間，七十年後暴增至八百四十間。

許多受會計吸引的人才，往往做沒多久就離開了會計這一行。像是理查德‧勒‧加利恩（Richard Le Gallienne）離開了以利物浦為根據地的查莫斯偉德會計公司（Chalmers Wade & Co.），成為一位詩人。縱觀歷史，曾當過會計師的還有演員蘭道夫‧史考特（Randolph Scott）、作家約翰‧葛里遜（John Grisham）和手槍設計師格奧爾格‧魯格（Georg Luger）。但那些留下來的人，都成了現代家喻戶曉的大人物。威廉‧德勤

（William Deloitte）於一八四五年開始執業，薩繆爾・普里斯（Samuel Price，普華永道 PwC 的 P）始於一八四八年，威廉・庫珀（William Cooper，普華永道 PwC 的 C）則於一八五四年著手經營。

自一八五五年起，工業資本主義和有限責任公司的浪潮在英國湧現，讓十九世紀的立法者緊緊追趕。破產也是這波浪潮壓倒性的特徵。一八一七年至一八六九年間，英國倒閉公司的數量暴增至五倍。在這樣的時空背景下，倒閉是件稀鬆平常卻又極具殺傷力的事，每年超過一萬家公司關門大吉，倒閉也自然而然成了當時小說與戲劇最常見的主題。對企業家與投資者而言，公司倒閉當然是一場大災難，但對會計師來說，卻是工作量暴增的繁景。

十九世紀中期，專業會計的地位仍飄忽不定，就連「會計師」（accountant）這個詞彙的意義都尚未定型。英國社會評論家威廉・赫茲利特（William Hazlitt）認為這個名詞有很多層含義，包括借貸者、賭注經紀人、誇大其詞的商人等其他名聲不佳的職業。「會計師」所關注的不僅僅是會計。在狄更斯一八五五至五七年寫作的《小杜麗》（*Little Doritt*）中，有著圓臉和鐵石心腸的魯格先生是一位「總代理商、會計師、討債者」，並在大眾面前呈現一個精於算計而面無表情的形象。薩繆爾・普里斯最初待的布拉德利巴納德（Bradley and Barnard）公司也

差不了多遠，是一間做「會計師、拍賣商和破產財產受託者與債權人代理」的公司。一八七四年，一位英國投機客寫信給自己的潛在客戶，上面寫道：「冒昧寫信給您。近期，我開始以代書、法案書記、公共與私人審計員和會計師、房屋仲介、租金與債務收帳者和破產委託人的身份執業。」

破產和無力清償債務（insolvency）是一門相當冒險的行業，清算者或受託者的會計師，必須擔負自己的決策所帶來的後果。此外，這行也提供了會計師趁機不實詐欺的機會，比方秘密處置資產、虛報管理與處置資產的成本，甚至盜竊——這也讓更多人願意為了這門生意走在刀尖上。儘管如此，會計師事務所興起的頭十年裡，主要業務不外乎這幾項，且遠比審計或會計來得更為重要。

然而，會計師插手破產管理這個領域的行為，起初也曾遭遇阻力。一名十九世紀的法官就曾悲嘆道，會計師的插手是「法律界有史以來遭遇最令人厭惡的惡行」。他認為事務律師（solicitor）[18] 是一群「紳士」，會計師則是一群「不學無術的傢伙」。歌德對會計風範的崇高評價，已淪為遙不可及的歷史。

而如同「會計」的定義尚未確定，其核心專有名詞的使

18　也就是不出庭、從事非訴訟業務的律師。

用，也仍然含混不清。例如在會計業發展早期，指稱「會計師」的詞彙可不只 accountant 一個，還有其他字詞像是「accomptant」。此外代理者（agent）、辦事員（clerk）、出納（cashier）、公證人（notary）、簿記員（bookkeeper）、估價員（valuer）、清算者（reckoner）和審計員（auditor）等各式各樣的詞彙，也在競爭之列。早在十三世紀，英國就出現指派「awdytours」（審計員）來「審查擔負財政責任者的誠實性」

後來，也有人建議用「辯護人」（cognitor）這個字眼來取代或強化「會計師」，但並未獲得青睞，因為這個新單字令人聯想到毫無幫助的其他意思：自以為是，或是「從山頂上俯衝而下的翼手龍」[19]。非財務審計員這行的工作內容可以說是包山包海。舉例來說，十六世紀時，他們的服務之一是檢查準新娘與準新郎的貞潔。十九世紀的會計師還提供「報數員」（number-taker）的服務，也就是擔任鐵路清算所（Railway Clearing House）的代表，確認火車並清點貨物。所謂的賭注登記人（turf accountant）則是賭客（bookie）較體面的說法。

---

19 亞特蘭大《包曼會計報告》（*Bowman's Accounting Report*）的編輯亞瑟‧包曼（Arthur W. Bowman），在二〇〇一年的《紐約時報》（*New York Times*）中提及強納森‧格拉特（Jonathan D. Glater）時，如此描述道。

▎不入流的職業

在早期，會計所需具備的必要能力並不明確。這個職業並沒有任何把關的資格測驗。[20] 加上種種原因，導致這門行業被許多知名人士視為邪門歪道。曾於一八三〇至一八三四年間擔任英國大法官的亨利‧布羅姆（Henry Brougham）就曾描述會計師這樣一個「無法為自己好好管帳」的職業，是很可笑的。對多數的早期執業者而言，如今被我們視為會計主要服務的項目，當時不過是副業罷了。

在這些執業者當中，有的幾乎從來沒受過訓練，有些則是落魄商人，還有些人是失敗的律師。羅伯特‧哈迪（Robert Hardy）在擔任帽商生意失敗後，開始從事會計工作，後來共同創辦了安永的前身。儘管如此，會計這個行業在十九世紀逐漸出現了認可制的雛形，一致的方法與標準開始出現，江湖術士、力有未逮的人幾乎都被淘汰。一八八〇年，數個會計師協會在皇家特許狀的加持下，共同創造了會計師界第一個國家級的專業協會：英格蘭及威爾斯特許會計師公會。會計師贏得了專業地位，但也僅止於此。

---

20 英格蘭一直到一八八二年以前都沒有任何特許會計師筆試；而蘇格蘭則是稍早出現了這樣的機制。

十八世紀時，醫學和法律等新興職業，都必須忍受各式各樣的嘲笑與諷刺。在一七一八年一篇名為〈地獄中的喧囂〉（Hell in an Uproar）的短文就捕捉了當代認為律師不過是「表現低級，索價過高」的行業：

> 吾認為世上最無用且褻瀆之存在，
>
> 莫過於作惡多端的法學生；
>
> 他們夜夜笙歌，縱情聲色，直至破曉
>
> 再以哄騙、發誓，不惜吐出上千個謊
>
> 只求雇主的黃金能源源不絕地落入囊中。[21]

　　至於醫生，則如同英國中世紀文壇最傑出的詩人喬叟（Geoffrey Chaucer）筆下那般邪惡：

> 吾等百般願意深夜出診；但僅限仕紳貴族之流；
>
> 以黃金為餌，
>
> 吾等自當快馬加鞭
>
> 親至宅邸，不捨晝夜，
>
> 策馬飛輿，在所不惜；
>
> 吾等無懼艱難，風雨無阻，
>
> 親聞患者尿，感其脈搏跳，

21　一七一二年，該短文的作者李察・柏瑞奇（Richard Burridge）因褻瀆罪受審。

倘若錢財來得夠急，無人不能治，

吾等當竭力延遲病況，恪守本分

助覬覦父親遺囑的子子孫孫

得永逸之藥方。

　　儘管如此，進入十九世紀後，醫生與律師的專業威望獲得確立，但會計師仍只博得一個較低下、甚至「不入流」之名。一八五七年，H·巴利·湯普森（H. Byerley Thomson）在《職業選擇》（*The Choice of a Profession*）中就定義出所謂的「高等」職業，僅限那些成員資格受法律約束的職業：像是牧師、出庭律師、醫師等獲得「高等教育」且出身「上層社會」的人。而會計師就跟畫家、雕塑家、建築師、土木工程師、公務員、老師和精算師（統計死亡者）一樣，屬於沒那麼高等、教育程度也較差的那一類。巴利觀察到，這些職業因為沒有法定的執業門檻，所以較不受人尊敬。也正因如此，打從一開始會計師就必須為自己的地位和社會認可奮鬥。直到一九九一年，英國國家肖像館才出現第一幅會計師的肖像。

▌重罪犯與英雄

　　十九世紀英國的經濟不再以農業為主，轉而變得愈來愈都市化、工業化且資本密集。（十九世紀初的英國羊群數量比十

九世紀末來得少，就是一個例子。）這樣的轉變，讓勞動者擺脫了農業生產的束縛，並目睹資本市場及商業規模與複雜性的成長。英國與美國的立法機構通過了史上第一部現代企業法規。在這之前，企業架構多數都是為了一次性（如航行）或有時效性的活動而存在；此刻則是應用到規模更大的商業實體上，也就是一個個企圖永續存在、且期望透過更多元的命令來達成許多活動的組織。

想當然耳，會計師事務所最初的活動型態，反映了英國維多利亞時代的經濟：為印度貿易效力、為蓬勃發展的銀行與金融部門服務、偶爾替王公貴族處理事情、協助指導那些龐大且典型的維多利亞企業，如鐵路公司。

十八世紀初期，最炙手可熱的公司就屬南海公司（South Sea Company）了。南海以捕鯨和奴隸貿易為根基，經營得有聲有色；任何能力可及者，都急著想辦法分一杯羹。接著在一七二〇年，南海公司泡沫破滅，以極其慘烈的方式倒閉，也成了歷史上第一樁重大金融醜聞。自此之後，英國政府便著手限制股份有限公司的集資。但直到一八六〇年，還是有少數幾類的公司可以和銀行與某些保險公司一樣，能向五人以上進行募資，鐵路公司就是其中之一。

十八世紀晚期，瓦特（James Watt）改良了蒸汽機，提升

了蒸汽機的效率，讓它得以運用在商業領域；而他的貢獻也為英國十九世紀上半葉爆發的鐵路狂熱揭開了序幕。直到一八四八年，英國國土上鋪設了近八千公里的鐵軌。全英國超過四分之三的鐵軌，都在一八三〇年至一八七五年這幾年間完工，[22] 將近三分之二的主要路線，在一八五四年以前完工。太多的鐵路計劃同時動工，導致英國經歷了嚴重的資源短缺。舉例來說，當時甚至沒有足夠的製版工人來製作持股證書；製版這門工藝也因著如此龐大的需求，獲利大幅飆升。而這波鐵路狂熱的益處也蔓延到新聞工作者（歸功於廣告需求）、石匠、鑄造廠、律師身上──當然，還有會計師。

鐵路運輸的經濟模式，讓鐵路公司以及雇用的會計師都陷入無盡的問題之淵。資本投資與鐵路維護要怎麼獲得資金和記帳？當鐵軌、橋梁、倉庫、車站和車廂等最初需投下的大筆開銷，在完工後利益又當如何計算？在公司的經營與投資之中，發放給股東的利息又該如何表示？一八四二年，「鐵路清算所」應際而生，負責處理鐵路公司大量激增的複雜款項（往往因借用他人鐵軌導致）。這個機關成為官僚主義複雜性的經典代表，也成了少數幾個讓狄更斯創造出「踢皮球辦事處」（Circumlocution Office）這個詞的雛形。

22　英國的鐵路熱潮於愛德華時代進入巔峰，並於此之後開始萎縮。

在會計公司成長的歲月裡，鐵路公司是他們的主要客戶。這些公司往往使用具象徵性且獨樹一格的名字，像是什羅普郡聯合鐵路與運河公司（Shropshire Union Railway & Canal Co.）、維爾哈特和班廷福特鐵路（Ware, Hadham & Buntingford Railway）、懷特島鐵路公司（Isle of Wight Railway Co.），還有倫敦西北鐵路公司（London and North Western Railway Co.）。倫敦西北鐵路是英國十九世紀最大的鐵路公司之一，營運規模龐大，享有和如今英國航空公司（British Airways）同等的崇高聲譽。在當時，若要經營規模如此龐大的業務，都需極為複雜的企業策略與管理。如同所有的鐵路通道、車站和引擎般，這些企業特質也是能永續留存的事物。詹姆斯・米克（James Meek）在《倫敦書評》（*London Review of Books*）雜誌中說道，「如今全球各地大企業的營運模式，全都源自英國的鐵路公司。也就是所有權握在股東手中、讓董事長來制定日常營運的策略與管理。」

然而，對會計師而言，這是一個危機四伏的產業。鐵路公司是騙子與惡棍的培養皿，誤導與詐欺行為層出不窮，像是謊報負債、舉債過高、惡意操控市場、用本金支付股息、操弄貶值和公然詐欺等等。薩莫塞特米德蘭鐵路公司（Sonersetshire Midland Railway）在他們的公開招股說明書上，宣稱公司「絕大部分的鐵軌都會是平坦的」，事實上鋪好的鐵軌都相當陡

峭，「因為路線必須經過門地皮斯丘陵」。鐵路公司的祕書和財務也經常捲款潛逃。此外，公司本身更是經常淪為類似龐氏騙局的受害者。根據鐵路歷史學家克里斯丁·沃瑪（Christian Wolmar）的研究，某些投資計劃的唯一目的，其實是為了「清償前一個由同一批人所發起的計劃項目的債務」。在鐵路熱潮進入最高峰時，南海泡沫的記憶再度捲土重來。

　　民眾對於鐵路投資的質疑愈來愈強烈。如同瑪喬瑞·懷特勞（Marjorie Whitelaw）在她一九五八年發表的那篇文章〈鐵路瘋狂〉（The Lunacy of Railways）指出的：

> 在一八二〇年代，你可以選擇投資那些承諾以時速四十英里的速度、載乘客在倫敦天際間穿梭的氣球公司，或投資那些不是用馬匹、而是以瓶裝瓦斯運載的馬車公司。當然，你也可以選擇透過蒸氣火車來賠錢。

　　就像破產一樣，鐵路流氓也成為時下的流行文化。在特洛勒普（Anthony Trollope）的《紅塵浮生錄》（The Way We Live Now，一八七五年）中，肆無忌憚的金融家與投機者劫持了連結鹽湖城至維拉克斯的重要鐵路。小說中的惡棍首腦為高深莫測的金融家奧古斯特·美爾莫，英雄則是會計師柯洛爾，後者拒絕替偽造的簽名作證，更揭穿了許多由美爾莫主導的詐欺行為。

同樣地，在現實世界裡，鐵路狂熱的英雄也正如小說《簿記員》(The Bookkeeper) 中所描述的會計師——「詐欺的敵人，誠信的守護者」。主流會計師事務所也付出了極大的代價，才明白鐵路公司該如何經營。藉由發展這種特殊性的專門知識，會計師把自己定義成保護英國的角色，讓維多利亞時期的英國遠離重大商業陷阱，也遠離那些試圖利用工業革命的機會主義者、騙徒等罪犯。而這個角色也讓會計師如老師、醫生、律師、牧師一般，為更多群眾擔負起一定責任。他們就像是維護社會健全機制的大兵。

　　以威廉・德勤為例，這位會計師就揭露了大北方鐵路公司 (Great Northern Railway) 的重大詐欺行為。曾經破產的雷德帕斯 (Leopold Redpath) 借著自己是大北方鐵路股份登記者的身份，執行了一項天衣無縫的計劃——他透過偽造的證書將大北方鐵路的股份轉到自己名下，獲得大筆股息（將近二十五萬英鎊），並且在攝政公園旁買下一戶豪宅，佯裝自己是上流社會的紳士和慈善家，還稱自己曾為基督公學 (Christ's Hospital) 的董事。大北方鐵路內部的審計員雖察覺到股息支出和法定資本額有所出入，但他們依舊宣稱該公司的帳目情況令人滿意。

　　在這之前的幾年，威廉・德勤就曾成功揪出大北方鐵路的不當財政行為。現在，該公司的所有者再次向他尋求協助。內部審計員想都沒想過要去檢查股份登記，而在審查了股份登記

書後，德勤揭穿了騙局，將這樁醜事攤在陽光下。一八五八年，犯下重罪的雷德帕斯被移送到西澳的費利曼圖（Fermantle）。

其他鐵路公司也火速找上德勤，央求他檢查公司的股份登記。埃德溫‧華特豪斯（Edwin Waterhouse，普華永道 PwC 的 w）也被聘請來揭露詐欺。在他和德勤以及合夥人的協助下，肅清了鐵路產業。在這些成功事蹟的光環下，會計師終於贏得了大眾的尊重。儼然成為誠信代言人的各大會計師事務所，也開始成為政府討教的對象，協助府方透過立法讓鐵路產業走回正軌。舉例來說，德勤和華特豪斯就為一八六八年的《鐵路管理法》（*Regulation of Railways Act*）做出不少貢獻。這項法案確立了複式簿記會計法的使用，並明令各公司每半年必須公布會計帳，上繳至貿易委員會。這是公共會計的里程碑，這個模式也沿用了兩代，直到一九一一年《鐵路公司（會計與收益）法》（*Railway Companies*〔*Accounts and Returns*〕*Act.*）頒布為止。

一九二一年，鐵路公司群雄割據的時代終於結束，英國議會通過「收編法案」將一百二十家鐵路公司合併成四大集團（自此之後成為鐵路界的『四大』）：大西部鐵路（Great Western Railway）；倫敦米德蘭和蘇格蘭鐵路（London, Midland and Scottish Railway）；倫敦東北鐵路（London and

North Eastern Railway）以及南方鐵路（Southern Railway）。而在這些新巨型企業的審計員間，德勤和華特豪斯的公司享有極高聲譽。華特豪斯與合夥人共有的普華也同樣擔起了這些並不令人欣羨的任務，替鐵路清算所審計那錯綜複雜、迂迴曲折的帳目。

第 4 章

神奇結盟

——四大非凡的創始者

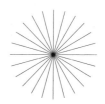

▍合併與擴張

一起用餐，一起打高爾夫球，一起上教會——合夥關係所培養出的習慣，在會計師間締造出兄弟情誼與休戚與共的關係。隨著會計這門專業的自信向上成長，界線也變得愈來愈清晰。

倘若主要會計師事務所之間出現了任何競爭行為，勢必也會是溫和的君子之爭。無論是在英格蘭及威爾斯特許會計師公會，還是其他職業組織中，各大合夥人都是一同合作，他們往往也是同個俱樂部的成員。在會計專業領域的發展初期，共濟會的角色相當重要；舉例來說，普華的喬治・史尼斯（George Sneath）、惠尼史密斯與惠尼（Whinney, Smith & Whinney）的亞瑟・惠尼爵士（Sir Arthur Whinney），都是特許會計師集會所（Chartered Accountants Lodge）的重要人物。各公司也不會互挖彼此的員工或客戶。在提供海外服務時，他們甚至會攜手合作。

像是一九一一年，普華合併了他們在埃及的業務以及競爭對手 W. B. 匹特公司，以梅瑟匹特普華公司（Messrs Peat, Waterhouse & Co.）之名在開羅營運。沒過多久，其他合作也紛紛出現。在俄羅斯的聖彼得堡（一九一六年起）和荷蘭的鹿特丹（一九一九年起），普華和匹特以普華匹特公司（Price,

Waterhouse, Peat & Co.）的名稱執業。俄羅斯的分部最終沒能留存太久，當革命爆發時，這些合夥人幸運地逃了出來，留下了公司帳本及少量的現金。自一九二〇年開始，這兩家公司就以聯合的形式，在印度的加爾各答、南非的約翰尼斯堡和阿根廷的布宜諾斯艾利斯營運。同年，兩家公司也將歐洲的合作擴大至整個歐洲大陸。

雙方合作無間，讓進一步的結合成為一種可能。然而兩者的國際合作於一九二四年劃下了句點，因為 W. B. 匹特有了另一名追求者：馬威密卓爾。同為蘇格蘭人的詹姆士・馬威（James Marwick）和威廉・匹特（William Peat）在橫渡大西洋的郵輪上一邊飲著白蘭地、抽著雪茄、享用著「一流美食」，一邊談妥了這樁合併案。在隨後的數十年裡，大型會計師事務所的合併，也成為普遍的現象。

▍多采多姿

當我們說某人「看起來像會計師」時，帶有什麼意思呢？普遍的想像會是一名頭髮灰白的男子，穿著灰色的法蘭絨西裝——不妨想像《我們的辦公室》（The Office）中的基什・拜席普或凱文・馬龍，或者《鐵面無私》（The Untouchables）中的奧斯卡・華勒斯。然而，身為會計師這行的創辦者，他們的生

活卻是多采多姿到令人吃驚。普華的其中一位澳洲籍合夥人艾德溫‧福拉克（Edwin Flack）就曾在十九世紀末舉辦的第一屆夏季奧林匹克運動會上，奪得田徑與網球的獎項。此外，福拉克還贏得了八百米及一千五百米競賽項目的金牌。在一八九六年的雅典頒獎典禮上，困惑的東道主高舉著澳洲的國旗。

普華的合夥人之一艾伯特‧懷恩爵士（Sir Albert Wyon）是一位信奉獨身主義、偏好合唱團女孩的單身男子。而讓他成為風雲人物的原因是：他幾乎單槍匹馬地扼殺了普華與 W. B. 匹特於一九二〇至一九二一年間籌備的合併案。這椿合併案可謂好處多多，哈利‧匹特爵士（Sir Harry Peat）和尼可拉斯‧華特豪斯爵士（Sir Nicholas Waterhouse）是好友，兩家人也是世交，雙方的海外合作相當成功。合併不僅能擴大公司規模，更能增加市場影響力。儘管如此，懷恩卻擔心合併案會扼殺普華的利益。對他而言，專業服務應建立在私人關係與個人責任之上，正如他在《會計師》（*The Accountant*）雜誌中所解釋的：

> 有什麼方法，能確保一個主要由領薪雇員所組成的大型會計組織，如同各別執業者或由少數執業者所組成的合夥公司那樣，具有同等的專業責任心呢？（維持較小的規模）能確保一致化的標準，延續既存的傳統、理念和高度責任感。

於是，懷恩帶頭抵制，引發內部的強烈反彈，扼殺了這樁合併案。

四大的創辦者多數在宗教上有些離經叛道，且與社會格格不入。舉例來說，被稱為規矩的破壞者、飽受腰痛之苦的怪胎、人稱「山米」（Sammy）的薩繆爾・普里斯就經常惹禍上身。一八四八年，他陷入了被英國法律視為近親亂倫的婚姻關係，因為他娶了他同父異母兄弟湯瑪士的長女為妻，也就是他的姪女艾瑪・納特・普里斯（Emma Nutter Price）。為了躲避英國法律的介入，山米和艾瑪跑到丹麥結婚，這場婚姻帶來了一個小女娃和許多騷動。同一年，普里斯離開了布拉德利巴納德公司（Bradley, Barnard & Co.），和威廉・愛德華茲（William Edwards）建立新的合夥關係。然而，這份事業不同於他的婚姻，只延續了一年。一八四九年，普里斯自立門戶。

普里斯來自陶藝家庭（晚年的普里斯直到一八六一年都還會親自捏陶，令人驚嘆），他靈巧的雙手在其他方面也毫不遜色：身為武打迷，普里斯除了熱愛拳擊聯賽與街頭鬥毆，也從來不畏親自「動手」。新進員工往往認為他是個有點嚇人的狠角色。一八六五年，他和埃德溫・華特豪斯及威廉・豪里蘭（William Holyland）一起創立了普里斯豪里蘭與華特豪斯（Price, Holyland & Waterhouse），豪里蘭則於一八七一年退休。埃德溫的兒子尼可拉斯曾分享過他小時候去辦公室的回憶：

我們站在門口警衛室前等著父親下樓。父親和普里斯先生一同現身，並介紹了我……警衛的通話筒上有一個小小的哨子——這是家用電話問世以前的拙劣裝置。普里斯先生將小哨子挪開，並將通話筒放到耳朵旁，接著樓上某個以為自己是在對警衛說話的人聲清楚地傳了出來，「老山米走了嗎？」普里斯先生回答：「我要上樓親自揍你一頓，」接著邁開雙腿以最快的速度衝上樓。

埃德溫・華特豪斯共有七個兄弟姊妹，他排行第七。他的哥哥阿爾弗雷（Alfred Waterhouse）是一名傑出的建築師，另一個哥哥西奧多（Theodore Waterhouse）則是華特豪斯法律事務所（Waterhouse & Co.）的創辦人[23]。

▌誰來審計你們？

埃德溫為教友派（Religious Society of Friends）的成員，也就是俗稱的貴格會（Quaker）。這極有可能是他與豪里蘭認識的契機，因為豪禮蘭應該也是貴格會成員。該教派之所以被稱為「貴格」，據傳是因為擁護者會在神的面前顫抖不已。對英

---

23 另一位十九世紀的名人，畫家約翰・威廉・華特豪斯（John William Waterhouse）則是他們的遠親。

格蘭教會而言，貴格會運動既極端且令人困擾，與喧囔派（Ranters）、浸信會（Baptists）、摩拉維亞弟兄會（Moravians）、瑪格萊頓教派（Muggletonians）及第五王國派（Fifth Monarchists）一樣，同屬新教派的延伸。

貴格運動於十七世紀開始興起，成員在簡樸的環境中做禮拜。一六七五年那間位在布里格斯符拉特（Briggs Flats）的禮拜堂，看起來就跟農舍沒有兩樣，裡面唯一的擺設就是長椅。貴格會領袖艾德華・伯羅（Edward Burrough）一六五九年的貴格基本經典，與喬凡尼・梅迪奇一四二九年的臨終遺囑有著令人驚異的相似：「我們不為名聲、不為他人，更不為官階所誘，我們也不為政黨或因政黨的名聲與妄稱而與之為敵；我們只求正義與憐憫，真理與和平，以及真正的自由，使其於我們的國度內獲得頌揚。」

一六六〇年，在伯羅崇高理念的幫助下，貴格會的信徒增加到五萬人。然而，進入十八世紀中期後，貴格會友卻少了五分之一。在普里斯成立自己的會計師事務所時，貴格會友的數量甚至大幅減少到僅剩兩萬人。儘管如此，到了一八六〇年代，由於監獄改革、廢除奴隸等具有激勵性的社會因素，貴格會又再次迎來繁盛。十九世紀貴格會變得更為強大，得歸功於另一項改變：與非貴格會友通婚者，將不再被教會自動除名。

貴格會的成員裝扮簡樸，滴酒不沾，對階級制度及意識形態抱持懷疑的態度。他們以謙遜與自制為美，崇尚和平主義與簡單生活，認為人皆生而平等。貴格會的基本道德觀就是良知。根據這些基礎和與保守主義、謹慎和對個人行為的信念，貴格會友開始在銀行界興起。在為英國 BBC《新聞雜誌》（News Magazine）撰寫關於貴格會在英國糕點業的歷史時，彼得・傑克森（Peter Jackson）稱他們為「自然派資本主義家」（natural capitalists）。

貴格企業家在鐵路發展的過程中扮演了極為重要的角色，例如艾德華・皮斯（Edward Pease）和約瑟夫・皮斯（Joseph Pease）這對父子。嚴謹的貴格會管理者為交通產業添注了與眾不同的營運風格。舉例來說，他們鼓勵大眾「檢舉超速駕駛或任何不當行為……董事們會親自巡邏各路線，挑出違規者接受紀律委員會的審判」。希望搭上第一條鐵路的乘客們，必須「自報姓名、地址、年齡、出生地、職業和旅行目的」。貴格會友湯瑪斯・埃德蒙森（Thomas Edmondson）更是提出了車票連號的制度，從而有效減少售票處的欺騙行為。

貴格會對於個人責任義務與良心的重視，也讓他們成為最自然的審計員。他們認為上帝時時刻刻存在，審視著人們的一舉一動；而這對必須獨自檢查會計帳目是否健全的謹慎工作者而言，是一個極有助益的態度。這種內在聲音引導著審計工

作，有時甚至會被清楚地指明。舉例來說，一九三三年在一場美國參議院的聽證會上，眾人討論著，當外部註冊執業會計師在審理公共企業時，是否應有獨家的特許權，好讓會計師能與內部審計員及「主計員」、甚至政府機構互相抗衡。參議員們試圖解決存在已久的問題：誰來監督監督者？

> 參議員巴克利（Alben Barkley）：在你那個有兩千名員工的組織，與昨天代表兩千名員工的主計員組織之間，是否存在任何關係？
>
> 紐約註冊會計師協會主席卡特（Arthur H. Carter）：沒有。我們負責審計主計員。
>
> 巴克利：你們審計主計員？
>
> 卡特：是的，公眾會計師審計主計員的會計帳。
>
> 巴克利：那誰來審計你們？
>
> 卡特：良心。

立法者對卡特的回答發出質疑，但仍舊讓步了。

埃德溫·華特豪斯對貴格會的信念讓他獲得了客戶與員工。他獲得的第一份工作中，就包括替貴格會友約翰·福勒（John Fowler，蒸汽耕耘機的發明者，也是製造業者）開發一套成本系統。貴格教義同時也形塑了埃德溫在會計與審計方面的工作態度，他認為自己是一名「基督教紳士」，必須提供極

為重要的社會服務。近期,有三名作家在華特豪斯家的貴格倫理信念中,發現了「信託邏輯」的根基,而這也是協助建立早期會計專業執業與強化其合法性的根基。在後南海泡沫、鐵路狂熱與各式各樣投資詐欺盛行,導致大眾對資本主義機制產生根本性質疑的年代,這樣的道德信念可謂適逢其時。

▌令人眼紅的紅利

東南鐵路(South Eastern Railway)的一條支線,讓薩里郡瞬間成為倫敦的後花園,倫敦的富人紛紛在此建立自己的美麗莊園。埃德溫‧華特豪斯也愛上風景如畫的薩里,於一八七七年買下此處的「大茵荷」(Great Inholme)。他建造了一幢美麗的房子,並取了個雅緻的名字「芙德莫」(Feldemore)。這裡除了可以俯視荷貝里聖瑪麗村(Holmbury St Mary)的宅邸,還有著一座藏書出色的圖書館和架設著電燈的撞球室。

埃德溫的薩里鄰居包括了商業銀行家佛德列克‧米瑞利斯爵士(Sir Frederick Mirrielees),以及作家兼前殖民官湯瑪士‧李溫(Thomas H. Lewin)。李溫是典型的英國人,與成千上萬名「沉悶無趣的維多利亞人」沒有兩樣,就如法蘭克‧麥克林(Frank McLynn)在《獨立報》(*Independent*)上所描述的「在印度服役,為了金錢而結婚,退休後度過四十年毫無意

義的退休時光」。而向來以「入境隨俗」聞名的李溫則是「古板沒情調，對他而言女演員就跟妓女沒有兩樣」。舉個李溫入境隨俗的例子：在印度次大陸時，他改用「坦格利納」（Thangliena）這個粗略從「Tom Lewin」翻譯而成的印度名字。李溫還將自己的長女命名為「Everest」（聖母峰）。

埃德溫命自己的園丁去荷貝里聖瑪麗村撿垃圾，這樣當他的賓客們抵達此處時，就能看到一個「乾淨而整潔」的村莊。他利用居住在薩里與倫敦的時光撰寫了長篇回憶錄。麥克・麥芬（Michael J. Mepham）在《會計史學期刊》（*Accounting Historians Journal*）中，稱這篇回憶錄為「一流國際會計師事務所創辦人唯一留下的完整自傳」。回憶錄內容始於埃德溫出生的一八四一年，結束於一九一七年（他逝世後葬於荷貝里聖瑪麗村的聖母馬利亞教堂內），詳細地記載了關於客戶的種種精彩事蹟以及他所揭穿的「錯綜複雜詐欺案」。在將近七十年的時光裡，普華一直未能發現、也沒特別留意到這份文件，直到一九八五年，這份檔案才重見天日；三年後，這本自傳經過編輯終於發行。

儘管埃德溫擁有貴格會的道德意識，但在辦公室的他就跟普里斯一樣喜怒無常，且缺乏容忍的脾氣。一九〇四年，其他合夥人福勒、史尼斯與懷恩企圖將六十三歲的埃德溫趕出公司。到底出了什麼事導致這樣的叛變？除了難以相處的個性

外，還有一些金錢上的糾紛。身為唯一僅存的創辦元老（普里斯已於一八八七年逝世），埃德溫獲得的公司分紅比例，簡直令人眼紅。

這群政變者背著埃德溫，發布了一份文件來實踐自己的計劃。根據這份文件，埃德溫必須立刻請辭，合夥關係將在同一公司名稱下進行重組，並由新領導領軍。（這份文件也留存在普華的檔案館中，並以輕描淡寫的標題〈E. W. 應退休建議書〉保留了下來。）然而這場叛變失敗了，埃德溫繼續工作，並依自己的心意選擇退休日。在這段時間，他也一手安排了繼任計劃。

▌世代交替

埃德溫的兒子尼可拉斯在學校過得非常不快樂，不快樂到他用鮮血寫了一封信回家給母親喬治亞娜（Georgiana）。有鑒於此，或許不難理解為什麼上大學後，跟經濟系或法律系相比，他更喜歡醫學系。用刀切開身體確實是一件很酷炫的事。根據他本人的回憶錄，他在牛津大學的解剖室裡度過了漫長的時光。然而，在父親的強烈要求下，他最終還是選擇主修法律這門「最接近會計學的學科」。

在南下到倫敦後，一八九九年尼可拉斯以實習律師的身份，到父親的公司工作。一九〇三年，他勉強通過了會計師考試。他的父親寫信給他：「我親愛的兒子，儘管你在工作上實在沒什麼救，但看在上帝的份上，拜託你每天來當第一個排隊上班的人，讓其他合夥人至少能為了你的努力而表示讚許。」僅僅三年後，尼可拉斯就成為合夥人之一，他本人也表示自己的升遷是「裙帶關係最直接的例子」。後來，他成了這間公司的領袖，雖然他不是這麼喜愛這個專業（除了屍體以外，比起分類帳和季報，他更喜歡集郵。）然而，就他的勤奮或仔細程度而言，他確實展現出紳士般的迷人氣質，且牢牢遵守「鄉村俱樂部的禮儀」。利用這些特質，尼可拉斯·華特豪斯發展出如今四大最顯著的文化：當一個擅長與人交流而不是擅長做事的合夥人。

然而，這個寫照並不完全公平。儘管最初繼承時，尼可拉斯看起來比柯西莫·梅迪奇之子皮耶羅還要令人不安；但最終他還是證明了自己是一位成功的王朝繼任者，也順利爬到業界最高位。尼可拉斯因為膝傷沒能在第一次世界大戰親自上陣，但他還是做出了貢獻：他擔任了英國陸軍部的財務主任、處置委員會的委員，以及戰後負責處理陸軍部尚未償還合約的清算委員。憑著個人的魅力、會計方面的成就以及戰時的功勞，一九二〇年喬治五世冊封他為騎士。

尼可拉斯的妻子，華特豪斯夫人奧黛麗·海爾·李溫（Audrey Hale Lewin）生於一八八三年，是那位在薩里享受退休時光的湯姆·「坦格利納」·李溫第二個女兒。像她父親一樣，奧黛麗接受了金錢聯姻，於一九〇二年嫁給尼可拉斯·華特豪斯。奧黛麗愛慕虛榮、喜愛時尚，特別喜歡拿新獲得的財富來炫耀，身上總是瀰漫著「土耳其煙草與香奈兒五號的香氣」——身旁的英國傳記作家夏洛特·布里茲（Charlotte Breese）這麼描述；布里茲還稱，奧黛麗因為「害怕失去美麗的外表」而拒絕生小孩。

在戰爭時期，白天的尼可拉斯備受尊敬，但下了班後，他和嬌妻卻過著「放蕩不羈」的生活。他們為彼此取了暱稱：尼可拉斯為「尼基」或「道格」，奧黛麗則是「莫芙」或「莫」。華特豪斯夫婦和其他有暱稱的朋友（像是波希米亞鋼琴家萊斯利·「哈欽」·哈欽森〔Leslie 'Hutch' Hutchinson〕）一起投入了放浪形骸的一九二〇年代。莫芙和道格在切爾西天鵝道二號的豪宅舉辦瘋狂的派對來取悅墮落的賓客，派對上「公然的墮落之舉」總會把氣氛炒到最高潮。

毒品和性是這些派對的特色。哈欽本人幾乎嘗試過藥典上所有的藥物，包括古柯鹼——而這一切全與「貴格會」的教義背道而馳。有時候尼可拉斯也會加入這些墮落的聚會，但更多時候，他會另外尋求內心的寧靜。向來熱愛集郵的他蒐羅到許

多珍貴藏品，像是前郵票時期（pre-stamp）的包裝（covers）[24]、郵政局長臨時郵戳（Postmaster Provisionals）、通用發行（General Issues）、私發行郵戳（Carriers）、本地（Locals）、行政區（Departmentals）、試樣和印樣（Proofs and Essays）等等。此外，他還出版了兩本關於集郵的書，包括一本一九一六年付梓的美國郵票重要指南《美國郵票目錄大全》（*A Comprehensive Catalogue of the Postage Stamps of the United States of America*）。

傳記作家布里茲描述，在某場天鵝道的派對上，尼可拉斯和同為集郵家的英國國王喬治五世一起躲在地下室整理郵票，而樓上的賓客們則「用尼可拉斯的錢喝酒嗑藥，一邊高喊著『嘿，嘿，讓尼基買單！』」拿著鋸琴（musical saw）的哈欽和莫芙高歌並興奮地喊著「我們開幹吧」。喬治五世和表弟沙皇尼古拉二世有著極為驚人的相似之處。除了尼可拉斯，喬治五世和其他四大的成員都是極為要好的朋友，包括一九三四至一九三六年待在倫敦的日本海軍專員等松農夫藏，等松先生後來創立的會計師事務也所成為德勤的一部分（現今德勤的全名為Deloitte Touche Tohmatsu LLC）。

24　在還沒有郵票與信封的時代，人們為了保護信件，會在外層包裹上一層紙，因此被稱為「cover」。

華特豪斯的財富，可不只花在罕見的郵票與喧鬧的派對上。奧黛麗最初是透過認識喬治‧梅瑞狄斯（George Meredith）和愛德華‧伯恩－瓊斯（Edward Burne-Jones）的父親，而踏入文藝圈的。她和丈夫成為藝術家與文學家的金主，如同柯西莫‧梅迪奇。作家、畫家兼煽動家溫德漢‧路易斯（Wyndham Lewis）就依賴華特豪斯一家數年。路易斯在華特豪斯家中的暱稱為「教授」，他相當厭世，就像一條依附又榨取這個家族錢財的水蛭。此外，教授還是一個帶有法西斯傾向的性濫交者，好辯、頑固且著迷魔法、風水、神祕主義及女同性戀；他的個性除了讓他沒什麼朋友，還經常因為瑣碎的感受、意識形態問題或自己浮誇作品的失敗，而與他人陷入永不止息的爭吵中。華特豪斯夫婦為這些浮誇作品的出版贊助了不少，包括那本充滿憤怒的《上帝之猿》（The Apes of God），還有同樣乖僻的日記《仇人》（The Enemy）。路易斯的傳記作者大衛‧特羅特（David Trotter）表示，在一九二三年年末，「好心人士為路易斯設立了一筆合資資金，讓他每個月能得到十六英鎊的生活津貼——直到他不需要為止。有一次，這筆錢來遲了，路易斯因此極為無禮的咒罵：『我那該死的津貼呢？』」

奧黛麗‧華特豪斯於一九四五年過世。當年薩繆爾‧普里斯娶了自己的姪女；而晚年的尼可拉斯‧華特豪斯卻和梅迪奇極其相似地，娶了自己的管家，她的名字叫路易絲‧豪

（Louise How）。毫無例外，尼可拉斯為她起了一個暱稱——「提姆」（Tim），這年他七十六歲，她四十六歲。有些人認為這件事需要解釋清楚。在寫給普華繼任者妻子的信裡，尼可拉斯這麼寫道：

> 我想你明白這四十二年婚姻對我的重要性，以及八年前我被孤寂吞噬的處境，我不是一個可以面對孤單的人，而「提姆」……是我多年來的摯友，也一直用心地照料著我。

這兩段婚姻都沒有為尼可拉斯帶來一兒半女。無論生病或財務困窘，他仍然持續贊助路易斯，直到他一九五七年與世長辭。此外，在一椿椿由路易斯所引起的訴訟案中，華特豪斯法律事務所擔任了另一方的辯護律師。尼可拉斯還提供金援給路易斯長期飽受折磨的妻子格拉蒂斯（Gladys），直到她一九六四年過世為止。尼可拉斯的第二任妻子路易絲過世後，她和亡夫及雙親共同葬在薩里的荷貝里聖瑪麗村的聖母馬利亞教堂裡。

PART

成熟

在 PART2，我們將著重於戰後期，亦即當前國際會計師事務所醞釀成現代雛形的日子。這段時期，我們可以見到大企業與政府建立起認可的關係；廣告與品牌形象強烈商業化的演變；以及稅務和諮商服務日益重要的業務活動雛型。大公司們企圖不斷擴大自己的勢力範圍，並盡力保護自身。這個時期的核心特色，就是四大的企業文化如何在一連串的價值觀衝擊中，逐漸成形。

第 5 章

攻城掠地

——在市場上站穩腳步

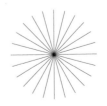

▌會計業界大趨勢

福特汽車的創辦人亨利・福特（Henry Ford）在某次惡名昭彰的裁員行動中，大刀一揮，砍掉了整個會計部門。「他們不具生產力，」他這麼說。「他們什麼實質的事也沒做。我要他們從今天起，不准出現在公司裡。」這個故事當然不可能都是真的；倘若沒有內部會計師或財務主管，福特的公司勢必會倒閉。但這個故事能幫助我們理解二十世紀的趨勢：大型製造業公司選擇將會計外包出去。擁有象徵性內部會計部門的企業，像是 IBM 和聯合利華（Unilever），將可以決定他們從市場上購買這個服務是否更適合公司。

毫無意外，這個趨勢就跟二十世紀許許多多的變遷一般，刺激並改變了會計師事務所的運作。像是企業行為的多樣化，尤其「管理諮商」或「諮詢」的服務；與政府聯手；因「審計擴增」和「審計協會」的崛起而受惠；如同現代版的梅迪奇打著品牌名號向海外擴張，且每個海外分支都屬於獨立的法人實體。

二十世紀下半葉可謂會計業的黃金年代。以英國為例，從事金融與商業服務的人數，從一九五一年的六十三萬七千人，成長到一九九八年的四百二十七萬六千人。根據《劍橋當代英國經濟史》（*Cambridge Economic History of Modern Britain*）所

述，「只提供會計、電腦系統等專業服務的企業迅速激增。」在美國，一九五〇年的就業人口中，僅有四‧四％從事金融與商業類服務，一九九五年則成長到一二‧二％。整體而言，在英國、美國和已開發的經濟實體如加拿大和澳洲，可以發現「服務」（service）成為男性與女性最大的就業領域。而會計師事務所的絕佳地位，也讓會計在這波浪潮中受惠。然而，這數十年的繁盛光景也埋下了日後災難的禍根。

▌迎來盛世

在和路易斯‧瓊斯（Lewis D. Jones）這間由威爾斯人創辦、以紐約為根據地的代理商合作後，普華在美國踏出了第一步。來自鐵路、渡輪、啤酒商、穀物脫粒機和穀倉塔等公司的生意，絡繹不絕地湧上門。瓊斯向英國辦公室請求支援。由於普華不希望讓美國人來檢驗英國公司的海外帳戶，因此公司規定新進員工必須是英格蘭人，最好還有點在美國執業的經驗。但倫敦辦公室派了 W‧J‧凱撒（W. J. Caesar）過去後，這條規定幾乎立刻被放寬——因為凱撒是蘇格蘭人。

儘管美國的主流會計師事務所一開始大多只是英國本部的分支，但很快地，他們也闖出了自己的一片天。德勤於一八九三年成立了自己的分部，不久後，那個分部開始為肥皂與蠟燭

製造商寶僑（P&G）的前身進行審計；且在後來的一百年間，雙方的合作關係也不曾中斷。普華的美國代理則憑著自身實力，迅速躋身正式事務所的一員。在經歷不太穩定的發展初期後，他打造出一套獲利模式，包括和金融家 J・皮爾龐特・摩根（J. Pierpont Morgan）合作（順道一提，摩根愛書成癡，在他那間位於麥迪遜大道上的圖書館中，藏有帕西奧利的《算數摘要》）。馬威密卓爾公司也同樣贏得了摩根的信賴，並針對這間紐約銀行的償付能力給予建議。在一九〇七年的金融恐慌中，摩根接手殘局這事廣為人知，他在自己的圖書館召開緊急深夜會議。根據曾擔任馬威密卓爾主席的華特・漢森（Walter E. Hanson）所言，「我們公司的行動在摩根終結恐慌的策略中，確實發揮了恰如其分的效果，並為會計師獲得更多業界認可，奠定了根基。」

會計師正式進入美國這個大聯盟。很快地，美國多數的上市公司都選擇讓外部審計員來進行審計工作。獨立的會計師事務所成為現代資本主義的一項特徵。

另一場金融災難的後果，甚至讓會計業再度邁向高峰。一九二九年爆發華爾街股災後，一九三三年的《證券法》（*Securities Act*）和一九四三年的《證券交易法》（*Securities Exchange Act*）中，皆要求所有新註冊或繼續註冊的單位，必須聘用獨立執業會計師來審計財務報表。這項法案讓會計與審

計服務迎來盛世。就像美國的會計領域最初為英國的分支一般，美國會計審計的相關法規主要也是仿照英國制定。

▍不受歡迎的發展

在世界大戰期間，會計成為國家經濟不可或缺的一環。第一次世界大戰時，英國有大量的會計師以軍官或士兵的身份投入戰場，並同時兼任文官，協助管理採購、存貨、國有化資產和禁止以戰爭牟利的戰爭法。尼可拉斯・華特豪斯並非唯一因表現而受褒揚的會計師，吉爾伯特・加恩席（Gilbert Garnsey）也因他當彈藥庫主計員的表現，而受封為騎士。

對會計師事務所來說，為國家付出的努力也得到了成效。會計師為正直與公共利益奮鬥，他們的好名聲博取了更多人的認可，當然也獲得了立即且實際的好處。曾著書描寫普華永道歷史的艾德加・瓊斯（Edgar Jones）的見解就對普華充滿敬意：「普華替政府執行工作，讓許多位高權重的政府要員、企業家和政治人物認識會計企業，並讓他們理解到會計師這門專業的可貴價值。」新關係創造了新領袖與新客戶。如同宗教在會計早期發展階段所扮演的角色，在這個階段，政府的人脈變得至關重要。

在整個二十世紀，會計這門專業和政府之間一直存著一種極為複雜的關係。我們再一次發現，大型會計師事務所的合夥人成為總統與首相尋求建議的對象——正如晚期的梅迪奇銀行。這些公司會針對幾乎每一種公共行政事務給予建議和服務，像是基礎建設投資、醫療保健政策、國防採購、法規設置，還有機場與鐵路系統的可行性研究、養老金計劃和降低公債的建議等等。同時，他們更用上百萬美元的代價去遊說官員和民意代表，影響那些將主宰執業條件的法案制定。

如同一八六八年的《鐵路管理法》般，這些公司也受邀協助擬定重要的商業法案。舉例來說，在華爾街股災後，會計師協助美國證券交易委員會設計財務報表的格式。普華的喬治歐·梅伊（George O. May）則協助制定一般公認會計原則（Generally Accepted Accounting Principles，GAAP）。而這類機會不僅僅是一筆絕佳的生意，更具有極好的策略效果：除了直接收取的費用外，和政府並肩合作還能打響品牌的知名度，此外，或許也是最重要的一點：這樣還能主導會計大環境的走向。

會計師利用專業且類監管部門的實體——如英國的審計執行委員會（Auditing Practices Board）或美國的會計準則委員會（Accounting Principles Board），來避開普林·西卡教授（Prem Sikka）所謂「不受歡迎發展」的政治計劃，尤其是那些「可能稀釋公司收入」的情況。又如英國《獨立報》首席評論員詹姆

士‧摩爾（James Moore）所言，普華永道被控操縱「企業報告使用者論壇」（Corporate Reporting Users Forum）這個遊說組織，表面上打著問責性的名號、實際上只是為了「阻礙會計領域的改革」

數條針對破產、稅務、保險、證券與企業法等範疇的基本法規，幫助會計這門現代專業站穩根基。主流會計師事務所以實質的行動來保護那些能讓自己獲利的法規，像是提升商業行為標準的法規。這麼一來，企業會變得更加複雜，促使對會計審計服務的需求增加，事務所也能從中得到附加的好處。這些事務所也支持那些讓會計師與審計員在企業管理中佔有一席正式之地的立法，如此更能鞏固會計專業的地位。

除此之外，事務所們更是不遺餘力地對抗那些企圖指導他們該如何工作的法案。舉例來說，一九三二年，英格蘭及威爾斯特許會計師公會的主席就曾公開反對制定法規，稱法規會讓審計員「淪為自動化機械」，僅能「遵從依據法規而擬定的審計程式」行事。一八八八年，安永合夥人之一的弗德列克‧惠尼（Frederick Whinney）在對該組織的演講中說道：

> 我認為我們都知道一間公司必須誠實且妥善地管理；即便公司無法繼續走下去，也必須坦白並妥善地退場。現在問題來了，我們要怎麼確保一間公司以上述的方式妥善經

營？我沒有任何極端的辦法能回應這個問題。我認為這件事本質上就不可行。我也認為沒有任何法案能成功針對公司的管理、成立、甚至是退場，進行滴水不漏的約束。我們絕對不能擁有一套如銀行組織那樣的「繁文縟節法條」。我們絕對不能因為任何原因而約束我們的行為自由。我們絕對不能讓人說出「會計師並不用自己的判斷力來理解公司，而是根據政府審核員的報告」。

更重要的是，會計界反對要他們擔負更多責任的法規改革（無論是審計或任何失敗所致）。詹姆士・蘭迪斯（James Landis）是一九三三年《證券法》的主要設計者，在回顧法案設立的過程時，蘭迪斯發現：

> 會計的職業道德與執業標準和其他受認可的行業一樣，已加入《證券法》的註冊需求中——這是如今公認的事實。但在當時，我們提議將會計師單獨設項的要求，卻遭會計界的大老、普華的梅伊大力反對，令人納悶。

梅伊強烈反對的原因並不難理解。他們試圖擬定的法案，將會削弱業界在制定會計標準上的角色，還會讓會計師由於募股說明書所出的包、其他投資文件瑕疵而導致的各樣損失等等，負起連帶且無上限的責任。梅伊策動反擊，並在一年後成功針對原始法案進行重大修改，其中也包括減少會計師承擔

「過重的責任」。今日，四大採取強勢的商業態度，但四大還是極度依賴一連串政府立法的決策，才有當前的地位。現代會計與現代國家緊密地交織在一起。

▍障礙

大型會計師事務所除了喜歡保衛自己的職業疆土、抑制需擔負的職業責任外，他們也會利用自己與監管機關及標準制定者的關係，共同創造出一套宛如密碼、具有排外性但本質上其實相當單純的職業用語。這套行話充斥著大量縮寫、術語和委婉的說詞，讓即便再聰明的外行人，也無法輕易解讀這套神祕的職業標準規範、公司帳戶和審計報告。

舉例來說，審計標準盛行著許多在外行人眼中看似毫無意義且令人困惑的定義，如「積極確信」（positive assurance）、「消極確信」（negative assurance）、「合理確信」（reasonable assurance）和「有限確信」（limited assurance）。如同「魔術師喋喋不休地誤導或混淆觀眾」般，現代最早的醫生與律師也同樣被指控利用「難以理解的行話」來迷惑一般群眾。二〇一四年，澳洲歷史財務資料審計或審閱以外的確信聘用標準（Australian Standard on Assurance Engagements Other than Audits or Reviews of Historical Financial Information，ASAE 3000），

就是最好的例子：

> 有限確信參與（limited assurance engagement）：減少確信
> 執業者的參與風險至一個可接受的參與環境程度，且風險
> 大於合理確信參與風險，並在根據程序表現與可得證據
> 下，傳達是否有事件引起確信執業者注意，進而導致確信
> 執業者認為主要事件資訊或主要事件實質上為謊言的結論
> 表達。有限確信參與中程序表現的性質、時間和程度，與
> 合理確信參與的必要性相較之下受到限制，但其預期獲得
> 根據確信執業者專業判斷下具有一定程度意義的確信成
> 果。為使其具有意義，確信執業者所取得的確信程度應能
> 強化有意圖使用者對主要事件資訊或主要事件的信心，確
> 保其絕非無關緊要。

　　儘管拿這些文字來笑笑確實很有意思，但在這些折磨人的
句子、胡謅的段落與曖昧不清的用詞之間，存著極為嚴重的問
題。在過去一個世紀裡，會計與審計的法條、規範、標準、準
則、實務記錄和樣板，變得愈來愈細瑣且無所不包。舉例來
說，ASAE 3000 要求審計報告必須包含一頁標題、一頁目錄，
審計員還必須寫下客戶的指示。然而，所有試圖確立會計師與
審計員行為與標準的努力，卻都朝著另一個方向走去。以規範
（rules）而不是以原則（principles）為根基的現況，削弱了監
管機關得以發揮的效果，並放任那些字面上完全合乎法律與標

準、實際上卻踐踏良好管理原則的行為。

四大利用自身與監管機關的關係，影響會計標準的形塑，但對於財務報表資訊使用者的實際操作，所知卻不多。標準基於一套複雜的過程訂定，其中包括了在多數會計問題中、無法提供任何實務建議的定義不明確詞彙，像是「觀念架構」（conceptual framework）。這些事務所也利用自身的關係及獲得的地位，索求新的勢力範圍。舉例來說，在法律服務方面，會計師事務所讓政府及監管機關認可他們進行某些準法律工作，並將過去傳統上只有律師能提供的某些諮商服務，納入自己的業務範圍。

▌ 會計與法界巨頭

在會計發展早期，律師和會計師經常會在同一個協會出現，並在同一個圈子裡活動。就工作性質或情況、執業者的類型來看，兩者確實有相通之處。不妨回想華特豪斯家族是如何同時創立了普華以及現在的菲爾德費雪華特豪斯律師事務所（Field Fisher Waterhouse）。多數會計師可以提供類似法律助理的服務，而律師在某些方面亦可提供具會計師性質的服務，如稅務或破產。

儘管如此，在類似生物物種演化的過程中，這兩個職業的定義變得愈來愈明確，且漸漸分道揚鑣。會計師只做會計，律師專攻法律。然而，將時間快轉到今日，我們可以發現這兩個職業又開始交疊，界線再一次變得模糊，不再壁壘分明。普華永道經營著一間大型全球法律事務所，在世界各地八十三個國家中，共聘請了兩千四百位律師。德勤在全球五十六個國家內，擁有一千三百位律師。安永和畢馬威也各自擁有穩固的法律業務。傳統的律師事務所注意到，他們的專業領域被侵門踏戶，而他們並不樂見這件事。

在準法律市場上，會計師走了很長的一段路才取得今日的成就。一九二四年，美國的稅務上訴委員會（US Board of Tax Appeals）決定，只有專業人員如律師和註冊會計師才能處理他們的案子。將會計師納入這個行列的決定，自然而然讓想要保護自身勢力範圍的律師極為不悅；而這是一個「頂層」專業人士企圖保有勢力內「下層」專業的實例。自此之後，大型會計師事務所經常被控「未經許可」或「代理」執行律師業務。

法律服務市場是一個受法規、訴訟規則和高度道德約束的市場。舉例來說，某些司法管轄權會限制律師與非律師分享收費的比例。對四大的批評開始集中到法律上，像是抗議會計師事務所偷偷摸摸隱匿、或甚至逾越監管界線；且會計師事務所在廣告和開拓業務方面所受到的限制，遠比法律事務所以還要

低（其他專業如醫師也是）。以印度為例，在律師公會接到印度律師事務所協會（Society of Indian Law Firms）的抱怨後，向四大發出通知，指稱他們違反執業律師的註冊要求。在澳洲，某些大型律師事務所提議減少交給四大的工作量，畢竟過去兩者是互補的關係，但四大逐漸成為他們的競爭對手。

為了捍衛自己的地盤，律師主張會計師無法提供跟他們一樣既深而廣的客戶保護，像是法律專業下的保密權。律師事務所也同樣尋求規模效益上的保障，組成巨型的合作關係，也就是那些足以和四大匹敵的「大律師事務所」（Big Law）。然而，會計師事務所並沒有打算退讓，他們認定法律類工作將會帶來一定利益，且他們利用自身與公共部門的關係，保護好不容易到手的成果，並鋪設迎向成功的道路。

而會計師事務所的戰場可不僅於此。在「管理諮商」這個多元的領域，我們可以見到他們最強大的進軍。

▊ 進軍管理諮商界

會計師進軍諮商領域這一步有點迂迴曲折，而這樣的舉動遭遇阻礙，也是理所當然；有些阻礙甚至來自自己人。普華永道早期的資深合夥人亞瑟・洛斯・狄更斯（Arthur Lowes

Dickinson）認為，會計師不該告訴企業該怎麼營運，而應專注在確保客戶帳目的正確上。這個意見的影響力，也確實持續了許多年。安達信首度進軍系統性諮商的舉動，更因此被視為不智之舉。史蒂芬‧澤夫（Stephen A. Zeff）在他二〇〇三年發表的論文《美國會計專業者如何走到今日的地位：第一部》（*How the U.S. Accounting Profession Got Where It Is Today：Part I*）中，就描述了一九七九年，安達信董事長和執行長在提出將公司分為審計與顧問兩個部門後，就被迫提早退休的故事。

踏入諮商領域的第一步只是嘗試性的。一九六三年，普華將系統部門升級，重新命名為「管理諮商服務」，這個名字也反映出普華其他競爭對手在服務市場上所呈現出來的形象。（於一九五〇年代末期開始諮商服務的安達信，稱公司的系統部門為「行政服務部門」。）以今日的觀點來看，普華的新部門提供了一套稍微有點狹隘的服務定義：「定期審查管理組織；針對統計資訊（管理帳戶）的內容及格式給予意見；評估行政系統；組織內部辦公室程序的建議；會計程序機制及電腦使用方案。」然而，任何對於諮商的顧慮注定要被推翻，諮商服務的規模與企圖心開始壯大。很快地，這些公司為政府、國防部、汽車製造商、農業綜合企業、大石油商、大藥廠等，發展並實施改善策略。安達信、普華及其他主要競爭者，也因為這個新興市場而欣欣向榮。

除了替事務所開創出有利可圖的新財源，諮商服務的業務，也巧妙地解決了會計審計季節性工作量所導致的長期問題。如同一九四五年普華的合夥人保羅‧葛雷迪（Paul Grady）所言：

> 從前，公共會計最煎熬的時刻莫過於每年的第一季，全公司上上下下，以及大量外加的臨時派遣都必須承擔泰山壓頂般的壓力與疲勞……原先旺季的基本原因現在仍舊存在，能不能克服這個情況，是讓這行躍進的先決條件。

在普華創立初期，淡季總是生意蕭條，門可羅雀。尼可拉斯‧華特豪斯曾經回憶那些日子「實在太安靜了，那些去度假的員工有時甚至會接到『不要回來上班，繼續度假一兩個禮拜』的指令」，與年終高峰期的混亂形成截然不同的對比。在一九一〇年代，部分美國會計師事務所採取了極端的解決方案：他們雇用非會計背景的菜鳥像是老師或農夫，在情況最糟的高峰時期擔任臨時工。

對勞力密集的會計師事務所而言，需求低谷遠比需求高峰來得糟糕。這些公司必須支付時薪，這可不像能存起來當庫存或之後再銷售的產品，沒事幹的員工等同絕對損失。除了年度週期外，還有整體經濟活動週期以及那些和經濟成長／衰退有著緊密連結的服務。舉例來說，破產專家會在經濟衰退時忙得

不可開交。那麼，會計師事務所該如何調適週期性呢？答案是販售自己的建議。儘管會受趨勢所影響，但這本質上沒有季節性與週期性的區別。

即便是在十九世紀，顧問是傳統審計、稅務與一般性會計服務以外的固定業務。舉例來說，客戶會向會計師事務所尋求管理系統及帳戶呈現方面的指導。但顧問並不是個獨一無二的服務，也不是在受訓或招募時會特別拿出來強調的領域。那麼，顧問部門的獲利佔總收益多少？由於服務範疇的界定相當不明確，導致我們無從精準得知，但五％這個數字看上去還是足以採信的。無論數字究竟是多少，這樣的表現還不足以彌補旺季與淡季間收入的巨大缺口。

儘管如此，就這個溫和的基準來看，會計師事務所諮商方面的收入逐漸成長，並於一九七〇年代晚期取得了二〇％左右的成就。當時，全美八大會計師事務所之中，至少有六間名列全美十大管理諮商公司之列。（一九八三年安達信曾登上榜首。）一九八〇年代，諮商部分仍悄悄地持續成長。到了一九九〇年代，當時的六大之中，已經有約二五％的收益來自諮商（除了安達信與安盛諮詢，他們已高達四四％）。在這十年後，四大的總收益之中有將近一半來自諮商業務。

幾年過後，四大之中的其中三大在諮商方面經歷了一次重

大的挫敗，並刺激了畢博諮詢公司（BearingPoint）、凱捷管理顧問公司（Capgemini）和星期一顧問公司（Monday）的創立；接著他們又再以更強大的氣勢，捲土重來。二〇一三年，四大的諮商部門獲利終於首度超越傳統會計業務的收益。在威廉・德勤於倫敦創辦自己的會計師事務所一百六十八年後，德勤立下了這個里程碑。

二十世紀，四大諮商服務的發展史真正令人吃驚之處並不在於創新，而是他們的多樣性與成長速度。四大來勢洶洶，不斷贏得最有利可圖的業務，沒多久就能與「純」策略公司並駕齊驅，包括俗稱「菁英三傑」的麥肯錫（McKinsey）、貝恩（Bain）和波士頓諮詢公司（Boston Consulting Group）。但四大之所以能獲得如此龐大的諮商收益，主要還是依賴市場上的黑暗面。人人適得其所，新的平衡於焉而生。如同米諾・曼漢德（Vinod Mahanta）二〇一三年在《經濟時代》（*Economic Times*）上所說的，「一般而言，諮商界大佬（如菁英三傑）認為四大的顧問具有一定品質，但比較適合較基本層面的問題。而四大的顧問則認為這些策略師很出色，但……名過其實。」

諮商服務的拓展，將大型會計師事務所從限制較多的審計、破產與稅務領域中解放。任何人都可以購買諮商服務：公共或私人企業，包括政黨、政策單位、積極派、監管機關、教會、社會和個人。二十世紀後期，這些公司為政府、創意產業

及非營利實體（如醫院、看護之家、大學、宗教機構及其他慈善團體）所提供的服務，出現了顯著的成長。四大沒有料到，這樣一個非主要盈利的部門，最終竟帶來驚人的收益。

諮商服務廣度上也同樣獲得解放。會計師事務所可以針對客戶的問題進行評估，推薦適宜的問題解決方案，並協助這些方案的施行。透過無所不在的「專案管理辦公室」，管理交易和項目改善變成了四大的核心業務。企業對顧問有的再也不止是信賴，專案管理辦公室已經成為自家的辦事者與管理者。一直到許多年過去，這些企業才真切明瞭這樣的改變，會如何影響公司的風險暴露。舉個近期的例子：德勤沒多久前才剛被爆出他們替客戶建立了一個超爛的薪資系統，導致上千名員工薪水沒能準時發出。

二十世紀也是會計學出現許多創新方法的時代。新科技引發了一波又一波的改變：打字機、影印機、計算機、電腦。在一九六〇年代後的十年間，我們見到許多偉大的發明開花結果，而諮商服務也在此時更臻於精細。這些服務開始圍繞著企業財務、系統建議、IT 建議、內部審計、法證審計、廉潔審計、經濟諮商、經濟建模、財務建模、效率評估、項目評估、部門評估、個案研究、法律服務、不動產諮商、項目管理、投資邏輯策劃、成本效益分析、估值、評估、調查、公共關係、公共事務、就業建議、高階人才搜尋、重組等許許多多副產

品。

倘若四大的諮商服務「迎合所有人的需求」，那麼此景也像是「回到未來」，會計這行又再次回到最初「會計師」既是法案書記、拍賣商和幾乎所有事情都願意從事，如一般代理者包山包海的日子。在職業發展早期，許多組織如英格蘭及威爾斯特許會計師公會費盡苦心，好不容易才界定清楚會計與審計服務的界線；拍賣商、法官助理、地產仲介、討債者和一般代理者，絕對不能稱自己為會計師。然而現在，四大內部的專業多樣化鐘擺，已經擺向了另外一邊。為了維持當前琳瑯滿目的諮商服務，四大不得不聚集了海量員工，像哈欽那樣嗑藥的阿貓阿狗也能拿來濫竽充數。

▌不只有會計師

現在，愈來愈少四大員工稱自己為會計師，也愈來愈少人追求正式證照或註冊會計師資格。所有人都可以透過提供諮商服務進入四大。而員工訓練與服務項目的狀況，就跟業界最初尚未經歷組織時期的情況一樣混亂。一名四大的經理最近如此描述這樣的多樣化：「在我帶的某一組中，有會計師、審計員、精算師、經濟學家、工程師、心理學家、諮商顧問、社工、建築師、科學家、地質學家、地理學家、人口學家、招聘人員、

行銷人員、管理者、金融家、不動產代理商、文學專業。外加幾名一般代理人。」

新進人員為公司帶來了多元的專業文化和不同領域的術語。而四大中的每一家，都致力建立一套如同稅務與審計方面的一致性「諮商認同」。然而，無可避免，在這包羅萬象的四大文化中，每位新進員工能融入的程度參差不齊，是否有踏入合夥人軌道的表現也不盡相同。因此，四大企圖達成的文化融合，僅發揮了部分功效。

而在推進諮商領域的階段，其他內部問題也開始浮現。一方面，員工能力的專業化相當花錢，除了特殊招聘和專業訓練的直接成本，無法根據工作需求與時間讓員工無縫接軌地投入在不同服務範疇間，也是四大的間接成本。花在專業化服務與能力方面的投資過於繁雜，導致四大在內部的團隊與內部勞動需求上，出現了摩擦。諮商服務的專業化，也破壞了最初想要踏入管理諮商界的動機，也就是將員工投入在不同工作中，以消除工作週期分配不均的情況。反觀現在，地質學家或社工出身的員工根本無法支援旺季時的工作。此外，專業人員的流動並不穩定，四大全都經歷過在好不容易精挑細選出一支專業顧問小組後，卻只能眼睜睜看著這些人才被對手挖角的惡夢。

▌混亂的諮商工具

為了提供多元化的諮商服務，四大必須蒐集一套如員工般兼容並蓄的混合型工具。為了明確定義這些工具的來源，學者們只能從四面八方下手：斯里蘭卡的佛寺、十字軍東征的資金、義大利的商業金融、荷蘭東印度公司、英國莊園會計學、十九世紀工商管理、泰勒學派（Taylorist）的科學管理、凱因斯學派的公共財政、二十世紀七〇年代的管理理論、新古典經濟學、柴契爾主義、新公共管理、二十世紀八〇年代的企業財務、日本的改善法（kaizen）和即時化生產策略、系統工程、杜拉克（Peter Drucker）、波特（Michael Porter）和熊彼特（Joseph Schumpeter）、福特、加爾布雷斯（John Galbraith）和蘭德公司（Rand Corporation）。這些資源大部分也確實成了諮商工具的幫手，經過經年累月的蒐集，四大從各處攢來了自己的方法。

現在，透過觀察作為四大諮商業務支柱的效率評估，我們可以見到諮商方法那古怪的由來。十八世紀的約書亞・威治伍德（Josiah Wedgwood）率先在自己的瓷器工廠（也就是知名瓷器品牌 Wedgwood）內採用這些評估方法。身為查爾斯・達爾文的祖父，威治伍德不僅是名天才，還是世界上第一位且最細心的成本會計實踐者。

除了複式簿記和財務審計等技巧，這些企業採用了性質上既不屬於財務、甚至和量化無關的工具，像是企業使命、溝通策略、投資邏輯圖和文化改善計劃。公司憑藉著兼容並蓄的工具，搭上二十世紀工業多樣性與專業化、國有化與私有化、解除管制與再管制的浪潮。舉例來說，在金融部門方面，四大利用「銀行保險」（bancassurance）這個動人的名稱，協助銀行與保險業者合併；當兩者合力的效果未能成功發揮出來時，他們又會再以效率、重心和風險管理為根本，協助雙方解除合併狀態。讓客戶維持現狀可不是顧問們發大財的好態度。

　　諮商服務的矛盾之一，就是在諮詢服務對象的眼中，這些工具背後的獨特歷史背景往往是看不見的。所有借用來的工具全都經過重新命名、融混在一起，最終的成品既乏味也不具任何歷史脈絡，處處充斥著常識、傳統智慧和空言空語，加上各種箭頭、圓形標誌或小鉤鉤，最後再利用聽上去傻氣的詞彙如「激勵」、「有效」、「由下往上」、「從上到下」、「利害關係人參與」或「學習」等等，把概念簡單化。

　　四大所有成文的諮商產品都高度相似，且往往以相近的架構、免責聲明、圖像、版面設計和力度來呈現。諮商信件、呈現與報告往往長篇大論、文辭冗贅；弔詭的是這些「重量級報告」卻是不可或缺的重要要素，甚至會影響獲利程度——因為會計師事務所有時是以最終報告的頁數作為收費基準（或反過

來說，依他們想要收取的費用來決定頁數）。只要把報告丟在桌上的這聲「砰！」夠響亮，客戶往往就會覺得自己這筆錢花得物超所值。

▋ 免費聲明

這使我們不得不面對一個令人不安的真相：諮商服務的「品質」事實上是一個難以捉摸的概念。諮商產品表面上是用來解決問題，但最重要的目的其實是讓客戶建立起一種思維。透過妥善對付問題——亦即滿足對「行動」的需求，管理顧問就此成為客戶神祕腦內啡的提供者。透過錯綜複雜的調查與訪談，四大費盡心思評估自家產品所創造出來的心智狀態。客戶會成為固定客戶嗎？會推薦給其他人嗎？這個產品是否能強化品牌在市場上的地位？這些問題的答案形塑了這些企業未來的產品，以及夥伴和團隊的前景。

許多諮商服務很容易達成。諮商團隊會盡可能使用普通的方法，畢竟面對特定問題用普通方法迎戰成本較低，儘管成果或許還有許多地方需要改進。此外，與稅務服務和財務審計等會計產品相比，諮商服務的風險較低，規範也較少。稅務和審計以五花八門的節稅手段為主軸，難免會碰上各式各樣的陷阱；反之，諮商服務處在自由自在的環境裡，無憂無慮。醫

生、建築師、工程師等許許多多專業人士，每天都得面對各種現實的危險。但在諮商界，怎麼可能會鬧出什麼大問題呢？即便給予的建議時機點不對、不適合客戶或單純有點蠢，這些缺點也鮮少被赤裸裸地揭穿。倘若客戶針對某個建議採取行動，客戶的行為與結果也沒有任何「反事實」（counterfactual）可以互相比較對照，也就是說，沒採取行動的平行宇宙並不存在。有成千上萬個因素足以影響策略的成敗，而這之中又有太多因素超過客戶或顧問能左右的範圍。基於這些原因，判定某個建議確實有害、且顧問必須為此負責的情況，根本不可能存在。

除此之外，諮商產品總是伴隨著嚴正警告。諮商報告和信函中經常會附上明目張膽的免責聲明，像是「我方不保證建議的品質。」「倘若有任何行為依此建議而行，我方也毋須承擔一切責任義務。」「倘若貴單位告知我方情事有誤，亦非我方過失。」諮商服務的免責聲明就像官僚主義的藝術形式，一種人造法律人類學的奇特變種。

在現代時期的早期階段，會計與簿記大都被歸類在科學領域。但諮商產品真的是如此嗎？

在一切的免責聲明、箭頭與字體下，諮商產品基本上以利用智慧為基礎的經驗法則、類經驗法則為憑藉。然而，這個基礎卻很少被質疑；即便出現質疑，往往也徒勞無功。諮商報告

總是充斥著毫無意義的分析和似是而非的關聯性。許多針對企業合併與收購、權益薪酬、獨立董事、各式各樣的外包、縮編和重組等重要建議，被證明與企業的成功僅有微弱的關聯，甚至毫無關係。這些產品儘管擁有科學與嚴謹的外皮，卻也只是一種假象。

事實上，許多諮商產品，尤其是那些企圖預估公司前景者，往往會落入統計學家所謂「虛假特異性」的範疇，並淪為經濟學家 J‧K‧加爾布雷斯口中的「精雕細琢的無知」、「實質錯誤」或「詐欺」。諮商服務是會計學與科學脫鉤最明顯之處。

第 6 章

不明智的改變

——品牌管理上的冒險與失敗

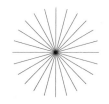

▋取個好名字

品牌是梅迪奇銀行崛起的關鍵原因。從西邊的蘇格蘭遠至東邊的中國，銀行的品牌很快就成為安全與健全的象徵。另一個地方性的目的，就是確保野心勃勃的年輕員工循規蹈矩。管理者確實可以輕易自立門戶、採用梅迪奇的做事方法，成為競爭對手；但無論如何，他都無法聲稱自己是梅迪奇銀行的一分子：只有合作夥伴才能打著名號、享有特權。

除去梅迪奇家族早期的犯罪史，以及傳奇中各種曲折離奇的部分，梅迪奇確實是個空前的偉大品牌。即便今日，這個名字在歐洲銀行界依舊相當活躍。而當今四大會計師事務所的名字也一樣，除了名列全球知名品牌榜，更是這些事務所最值錢的資產之一。

時間拉回到二十世紀早期。當時，英國壯觀的大西部鐵路（Great Western Railway）被死忠粉絲稱為「上帝美妙的鐵路」（God's Wonderful Railway），而批評者卻諷刺地叫它「大繞路」（Great Way Round）。在史上第一樁鐵路公司的大規模合併案中，最著名的事蹟莫過於眾人對企業名稱的痛苦審議。誰的名字在新名稱中最引人注意？誰的傳統最重要？大型會計師事務所的合併，也遇到同樣的掙扎。

舉例來說，一九八九年普華與安達信的合併案破局，除了對外宣稱的「兩間公司有極大的文化差異」，另一個沒能成功的原因，是雙方對品牌名稱沒有共識。對於這個敏感話題，雙方都認為己方應在新的實體中占有更重要的地位。某位來自普華的協商者認為，應該「在名稱中保留具有潛在行銷價值的『Price』，以迎合注重成本的客戶。」然而事實上，這種潛意識聯想與普華最初企圖創立的品牌定位截然相反。（倘若薩繆爾‧普里斯還在世，他肯定會衝上樓給那名協商者一拳。）經雙方妥協，最終「PWA」這個縮寫差一點點就拍板定案，形成和公司當前名稱 PwC 非常相近的名字（奇怪的大小寫排序不論的話）。

　　順道一提，在一九九〇年代早期的衰退期間，普華據稱將審計費用打了六折，用「削價競爭」的手段來吸引金融服務巨擘英國保誠（Prudential）的青睞。稍微推理一下，就能想通其實普華能透過推銷其他有利可圖的非審計服務，去彌補削價所造成的損失。《倫敦標準晚報》（Evening Standard）的編輯在一篇名為〈普華永道的削價心路歷程〉（A Cutting Sense of History at PwC）的文中指出，這件事被揭穿後，削價行為帶來的惡名讓普華永道花了好幾年，才終於擺脫削價永道（Cut-Price Waterhouse）的謔稱。

　　普華永道（PwC，或如其全名 PricewaterhouseCoopers）背

叛了普華（Price Waterhouse）與永道（Coopers & Lybrand）之間所進行的謹慎合併協商。在那些繞圈子的審議上，討論的全都是字母空格的使用與否以及大小寫。官方上來看，代表華特豪斯的「w」無論是在新的全名還是縮寫中，都是以小寫來呈現──結果就締造出一個看上去沒那麼優雅、且有點暫時性意味的品牌。我們不禁想著，華特豪斯父子埃德溫和尼可拉斯會怎麼看待這微妙的妥協成果呢？

在會計這行，「PwC」這個縮寫經常被拿來做文章。「Pricks With Calculators」（用計算機猛刺）、「Proceed With Caution」（謹慎行事）、「People Working Cheap」（廉價勞工）、「People Working Constantly」（勞碌命工作者）、「Partners Without Class」（沒有階級的夥伴），還有超難聽的「Pee-WC」（小便所）全都流行過（這也是 w 小寫的另一個原因）。儘管今日普華永道依舊稱作「PwC」，但他們最新的 logo 已經沒有大寫字母了。

早在普華與永道進行合併以前，他們就認真推敲過自己的形象設計。一九四〇年，他們將名稱中的逗號刪掉（原本為 Price, Waterhouse and Co.）。當時正值戰爭，物資匱乏，此舉也讓新聞報紙的專欄作家開玩笑說，這是個「省墨水」的決定。一九八一年，「and Co.」也被捨棄。（『Co.』代表合作夥伴〔co-partners〕，而不是公司〔company〕。）

普華成立的頭五年由普里斯、華特豪斯和豪里蘭三人合夥。當三名合夥人跑到公司外面，想著黃銅名牌該怎麼懸掛時，華特豪斯很擔心要是將名牌分開鑲在旋轉門的兩側，門打開時路人可能會先看到一側的「價格，聖水」（Price, Holy Water），然後才是另一半的「土地和房子」（land and house）。

普里斯一八八七年過世後，公司剩下兩位合夥人：埃德溫‧華特豪斯和喬治‧史尼斯，一位聰明且討人喜歡的自耕農之子。華特豪斯提議將公司名稱改為「Waterhouse, Sneath and Co.」，但史尼斯機敏地提出反對。事情變化莫測，不妨想像一下：倘若以「WaterhousesneathCoopers」這個名字立足，他們還有可能如現在的普華永道般，成為全球知名大品牌嗎？

庫珀兄弟（Cooper Brothers）也有一則常被提起的小故事：他們的辦公室最早位於倫敦的水溝巷（Gutter Lane），連著齊普賽街（Cheapside）。隨著公司不斷擴張，水溝巷的名稱變成一件令人煩心的事。據說，公司的合夥人寫信給倫敦市政府，提議將巷子改名為庫珀巷；而倫敦市政府不但駁回此案，還建議公司不妨將自己的名字改為「水溝兄弟」（Gutter Brothers）。

至於畢馬威的縮寫「KPMG」，則是誕生於畢馬威（Peat Marwick）和歐洲公司 KMG（全名為 Klynveld Main Goerdeler）

合併之時[25]。雙方協議出來的縮寫並不是按照字母順序排列，而是模仿英國聖米迦爾與聖喬治榮譽勳章的縮寫「KCMG」。而這個縮寫帶來的樂趣完全不亞於「PwC」，光是要記住這四個字母原本代表的意義，就已經是一種挑戰（許多員工也失敗了）；大家也盡情發揮創意創造新的意義，像是「Keep Playing More Golf」（繼續打高爾夫）、「Keep Partners' Money Growing」（讓合夥人的錢繼續增加）和「Keep Pulling Money from Government」（繼續榨乾政府的錢）。

之前官方全名為「Ernst & Young」（恩斯特與楊）的安永，如今只剩簡單的縮寫 EY，但還是有許多人依舊以全名稱之。有一小部分的人則堅持將「Ernst」（恩斯特，發音：/ˈɜːrnst/）寫成並唸成「Ernest」（恩尼斯特，發音：/ˈɜːrnɪst/），或甚至是「Earnest」（發音 /ˈɜːrnɪst/，意思是認真的）；而對負責審計的公司而言，這個聯想未嘗不是一件好事。而非正式的聯想名稱則包括了「E - Why？」（嗯-為什麼？）和「Ernie」（《芝麻街》的角色）。[26]

德勤那時髦、簡化的 logo 則反映出他們謹慎的演化過程。這個設計讓公司砸了不少錢，就連那個綠色的句點，意味的也

25　中文譯名「畢馬威」來自 1991 年版的公司名稱 KPMG Peat Marwick 後半部分的譯音。
26　《EY! Magateen》為一作風大膽的南美雜誌。

不是結束，而是創新。德勤進化到以單名行走江湖之前，前身為「德勤圖謝等松」（Deloitte Touche Tohmatsu），也是該公司全球集團主要法人機構的全名（擔保責任有限公司）。德勤 Deloitt 這個名字，是個經過些微英語化的法文名字，來自威廉・德勤的祖父——於法國大革命時期逃離法國的路亞特伯爵（Count de Loitte）。

後來成為男爵的蘇格蘭爵士喬治・圖謝（Sir George Touche），本名為「喬治・塔克」（George Touch）。他們家在唸自己的姓氏時唸成「toch」（發音：/tɒk/），如同「loch」（發音：/lɒk/，蘇格蘭的湖泊）；尾音與「such」（發音：/sʌtʃ/）或「douche」（發音：/duːʃ/）完全不一樣。對會計師而言，「touch」帶有負面暗示，遠不如「earnest」的好，因此喬治為了讓自己的名字和「touch」不同，特地多加了一個「e」。而在四大爭奪商標存在感的戰役之中，「Touche」註定殞落。如今在四大商標中缺席的名字還有惠尼、加恩席、普倫德（William Plender）和凱德（Russell Kettle）。在這些大型事務所建立、打造泱泱的會計帝國時，這些名字所代表的人物以及他們的貢獻，並沒有比其他人少。而其他人的名字之所以能成為四大品牌的代表，主要還是得靠機運。

當前品牌所營造出來的氛圍，瀰漫著英國人的正直、英國人的謹慎與英國的法律。四大中的三大總部位皆於英國（畢馬

威以阿姆斯特丹為本營，德勤的總部雖然位在紐約，其實際上為英國公司實體）。但就所有權和獲利來源來看，這些企業早已不屬於英國。舉例來說，這些公司如今在亞洲與北美的員工人數，遠是英國所不能及；光論四大在中國的員工數量，就足以超越英國。許多年來，德勤全球網的最高組織，是一個以瑞士為總部、被稱為「verein」（聯會）的實體，一個如《衛報》（*Guardian*）的安德魯‧克拉克（Andrew Clark）所稱的「一種曖昧不明⋯⋯的成員制，最初為運動俱樂部、志工組織或聯邦所採用的結構。」畢馬威也曾經屬於瑞士「verein」，不過現在則屬瑞士協會。

四大確實成為全球企業。名字沒在縮寫裡的史尼斯先生一定感到很驕傲。

▎ 主動攬客

在會計專業早期發展階段，盛行著會計師不應親自出馬「攬客」的文化。相反地，會計師應該透過正式與非正式的管道去接觸客戶，或期待客人自己走上門來。畢竟說穿了，會計師的職責是一門專業，而不是純粹的商業。而認識新客戶和贏得新工作最受歡迎的辦法，包括成為慈善團體的委員、加入鄉村俱樂部，或在聚會、協會與商會上熱情地彼此問候。銷售，

是一門長期且必須低調的學問。

「這是一門紳士的職業。」二○○二年擔任畢馬威丹佛辦公室執行董事的瑞克・康納（Rick Connor）如此說道，他還對《華爾街日報》表示：「全職的銷售人員更是聞所未聞。」借用《華爾街日報》記者伊安狄・道根（Ianthe Dugan）的比喻，會計師是「資本主義的良心」，因此積極的推銷行為有違會計師的職業權威與公眾使命。一直到一九六○年代晚期，會計界仍然沒有「行銷活動」這樣的概念。在英格蘭及威爾斯特許會計師公會成立早期，反對廣告的規定嚴格執行，魄力如中世紀的工會。

舉例來說，一八八一年，一名成員因為利用明信片宣傳關於破產的業務，而被正式譴責。其他更低調的行銷方式，也有可能置成員於水深火熱之中。根據一九六六年哈洛德・豪威特爵士（Sir Harold Howitt）描述的歷史，「英格蘭及威爾斯特許會計師公會的祕書獲得授權，任何時候只要發現任一成員做出涉及廣告的行為，就可以和對方溝通，並告知對方，公會認為這樣的行為相當不專業。」

而美國的態度大致上也和英國差不多。一九二二年，美國會計師協會（American Institute of Accountants）禁止協會中的成員打廣告，也不准有任何形式的自我推銷。然而，對安永創

辦人艾爾文・查爾斯・恩斯特（Alwin Charles Ernst）這些人來說，他們無法抗拒印刷媒體與其他行銷手段的誘惑。一九一七年，他創立了「商業發展」部門，據說為會計界第一個銷售推廣部。一九二〇年代，全國性公司恩斯特與恩斯特（Ernst & Ernst）則公然在新聞報紙上用著「讓公司更好的全國服務」或「無知為禍，知識才是福」等標語，來宣傳自家服務。美國協會仍不為所動。一九二三年，該協會控訴艾爾文及兩名合夥人違反招攬和宣傳的規定。比起乖乖聽話，他們顯然更看重行銷，於是三人便放棄了協會成員的身份。

面對價值觀與市場現實的不斷改變，這樣的約束注定會沒落。《會計道德危機》（*Crisis in Accounting Ethics*）的其中一名作者就曾指出廣告、招攬和各種形式的商業競爭何以成為會計界的新常態：

> 一九七二年，美國會計師協會對司法部讓步，從道德規範中移除了對競爭性投標的禁令。到了一九七九年，司法部和聯邦貿易委員會（Federal Trade Commission）迫使協會放棄禁止直接或主動進行純資訊性攬客與打廣告行為的禁令……協會的道德規範經歷了這些修正後（尤其是關於競爭性投標與直接、主動攬客方面），會計界的風氣出現了極大的轉變，從而影響了審計公司的行事風格。企業間的競爭行為也在商業用語「積極專求利潤」的影響下，變得

愈來愈顯著，從而使專業價值備受壓力。

今日，招攬生意已經成為四大維持收入的必要行為，尤其是在諮商服務這一塊（但稅務與審計也不得不）。而合夥人與員工的日常工作中，絕大部分（經常為一半）的心力都花在準備投售文件和挖掘新項目上。儘管如此，如今業界轉而以更有禮貌的詞彙，來取代「市場投入」或艾爾文的「商業發展」（Business Development，如今多簡稱為 BD）這類的詞彙。

在枷鎖解除後，許多四大的員工很快就拋開了所有的職業驕傲，有些人甚至將攬客的行為發揮到令人不悅的程度。一九八三年，為了爭奪退休金會計服務，圖謝羅斯公司（Touche Ross & Co.）發行了一本小冊子，推廣自己的產品。該公司承諾會協助客戶「準備有效且具說服力的文件」給財務會計標準委員會（Financial Accounting Standards Board），「協助貴公司評估效果，創造有經驗的支持佐證，並鑑定貴公司接受或拒絕所帶來的經濟後果及處境。」圖謝羅斯被指責販售自己的正直，且「自甘墮落成為客戶的盲從辯護者。」

二〇一一年，當德勤和澳洲煙草產業的積極組織展開非常冒險的合作時，同樣的批評再次出現。當時，一項關於香菸盒設計必須簡樸的立法，引起了政治紛爭；而不樂見此法案通過的香菸產業，委任德勤準備一份關於非法香菸的報告，名稱為

「乾淨俐落」。來自澳洲海關及邊境保護服務署的政府官員，聲稱這份報告有「可能誤導之嫌」，並質疑數據的「可靠性與準確性」。德勤於是交出第二份關於假菸的報告；聯邦部長布蘭登・奧康納（Brendan O'Connor）稱第二份報告「毫無底線」、「虛偽」與「捏造事實」。健康部門和其他提倡簡樸包裝者也都發表譴責。

另一方面，當畢馬威丹佛分部的康納對《華爾街日報》講著符合紳士行為的推銷時，畢馬威印度分部的同事們正在設立一個電話服務中心，讓電話推銷員透過隨機推銷（cold-called）的方式，來推廣公司的稅務服務。一份來自二〇〇〇年六月的筆記上，寫著當員工在面對「分歧點和其他問題」時（像是猶疑不決或缺乏意願的客戶），要怎麼進行說服。那份筆記也提到了像是「報復」（在大量稅金繳交期限前打給客戶，此時客戶絕對會『極端煩躁』）、「比尼寶貝」（Beanie Baby，告訴客戶公司在銷售額上有規定上限，而這個上限很快就要到了）[27] 等手段。對那些認為出價「好到不可能是真的」的客戶，則會被告知這些產品經過層層的審核——且前美國國家稅務局的人現在就在畢馬威工作呢！

27　美國玩具公司推出來的填充玩具系列，後來掀起了瘋狂的收藏、交易、炒作風潮。

▋ 撤退和進攻

一九九〇年代早期，會計界的六大一起擠入了全球前七大諮商公司之列。隨著諮商的獲益已經開始追趕上傳統會計與審計業務的收益，這些公司開始將自己包裝為「多樣化專業服務企業」——會計師事務所更像一種商業諮商組織，而不僅僅是會計師或審計員。大型會計師事務所要想透過諮商服務賺錢，方法可不只一種。這些公司可以出售服務，更理想的情況是販售諮商公司。

二〇〇二年，處在安隆醜聞案爆發的漩渦與《沙賓法案》陰影下的畢馬威與普華永道，從諮商市場上抽身。透過首次公開募股，畢馬威賣掉了畢馬威管理顧問（KPMG Consulting），後者也因此成為畢博諮詢公司。IBM則以市值三十五億美元的現金和股份，買下普華永道管理顧問（PwC Consulting），亦即普華永道的全球管理諮商與技術服務公司。安永則早在二〇〇〇年，就將手中的諮商部門凱捷賣出。

這些股權切割對合夥模式及四大的道德標準，都帶來了極大的挑戰。在經營一間公司和將其美化以供出售的灰色地帶間，四大面對的誘因顯然混合在一起。拋售導致市場面臨了相當實際的問題——尤其是當這些大型企業退出諮商服務的目的，不過是想在幾年後再進場。畢馬威、普華永道和安永就是

如此。等到所有競業條款時效都過去後，這些企業將帶著復仇的心情再次回歸。德勤只賣掉一小塊諮商業務，保留了大部分，因此在大家趕忙進場的此刻，德勤便立於極為強勢的位置。這些來來去去的大動作也引導出一個至關重要的問題：客戶又算什麼？

這樣的匆忙總是引人注意，有時甚至相當混亂。在澳洲，普華永道透過大肆收購一個又一個小型策略公司，如寶石顧問（GEM Consulting）、差異（The Difference）、華特・騰布爾（Walter Turnbull）、艾胥力芒羅（Ashley Munro）和大道企業（Mainstreet Corporate）等的舉動，重建自己的諮商服務部門。對小型企業而言，這是一段光輝歲月。而德勤則一舉掃空澳洲與美國優秀的諮商企業與團隊。二〇一四年，博思艾倫漢密爾頓公司（Booz Allen Hamilton）控告德勤竊取機密資訊，以「挖走」博思的專業團隊。

一直到二〇〇八年為止，博思艾倫漢密爾頓旗下擁有博思顧問公司（Booz & Co）這間策略諮商公司。二〇一三年，普華永道收購博思，並重新命名為 Strategy&（奇怪的排版又再次出現），公司仍將重心放在網路安全與風險服務上，而新名字的目的是為了避免法律衝突與市場上對博思品牌的混淆（博思的名號在策略諮商圈非常響亮）。在最初切割的協議中有一項非常具體的條款：新公司不得使用博思或任何相關的名字。博

思艾倫漢密爾頓繼續擔任政府與國防部的主要策略服務提供者。在博思艾倫漢密爾頓與博思顧問公司之間為期三年的競業條款期滿後，博斯艾倫漢密爾頓將他們諮商服務的觸角，伸向了技術整合與安全等領域中。

而像是「cognitor」和「星期一」（普華永道在諮商部門被 IBM 收購以前替其取的名字）策略公司，則是證明了品牌名稱確實是個錯誤。取名沒多久，「星期一」這個品牌名稱激起了一群顯然討厭那些自以為是的顧問、也討厭星期一的反對者聯盟。當時，該公司推出了自己的網站 www.introducingmonday.com；而在網站開放的同時，星期一卻沒有搶先註冊 www.introducingmonday.co.uk，於是網址很快地就被惡作劇者搶走。點開惡作劇網站，就會見到一個粗製濫造的驢子動畫出現在首頁。「異想天開將公司命名為『星期一』──沒想到這個網站居然還能比名字更搞笑。」會計師涉足行銷界的愚行又再添一樁。這個品牌很快就被淘汰了，那隻驢子也成為四大的傳說之一。

第 **7** 章

合夥人制度
——充滿潛規則的企業文化

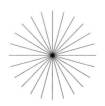

▌人事槓桿

梅迪奇的日常通訊透露出眾人對於外界事物……如明礬礦脈、羊毛與絲織品市場，以及君主信譽的關切。但眾人也同樣在乎內部事務。銀行的系統是否牢靠，足以察覺詐欺的情況，預防金融危機？誰準備加薪或升官？那名剛從算數學校畢業的年輕人能否滿足梅迪奇的要求？

安傑洛・塔尼、里尼耶利・德・利卡索里和柯西莫・德・梅迪奇都明白「槓桿」的真義：透過雇用年輕員工去彌補、拓展合夥人的能力與極限，以達成生意上的成長。梅迪奇銀行是第一個了解槓桿原理的大型合夥制度企業，無庸置疑的算式為：每位合夥人的獲利等於利潤乘以時薪、乘以利用率（員工繁忙的程度）、再乘以每位合夥人的員工數。因此，雇用更多員工是銀行追求更大獲利的手段之一。

在這方面，梅迪奇銀行的有項特質從他們犯罪集團前身保留下來。義大利的犯罪家族都由一個廣大的網絡組成，其中正式成員（made man）必須招募手下並搶奪地盤。而收益將從最資淺的嘍囉，經過五種重罪階級往上堆。四大採用了同樣的六層階級制度，只不過他們重新定義了這些暴徒的名稱：顧問、資深顧問、經理、資深經理、董事、合夥人。儘管頭銜可能不太一樣，但運作的方式大同小異（包括地盤、地位和收入）。

而所謂的槓桿，是將較沒經驗的員工送去執行董事或合夥人所談成的生意做後續。許多客戶會抱怨，那些在前期會議上如此投入、充滿熱情的業務，往往在交易完成後就消失不見人影，人間蒸發。我們或許可以說，資淺員工的投入是四大奠定成功的主因，但倘若習以為常地依賴那些經驗不足的員工，很有可能將四大推入危險的處境。以 TBW 和殖民銀行為例，他們指控普華永道讓一名實習生全權負責高達數十億美元的抵押貸款，而那名實習生的小主管也只是另一名認為自己的職責已「凌駕薪資等級之上」的資淺員工。

資淺員工除了動不動就成為罪魁禍首，他們也時常搖身一變成為會計醜聞案的英雄。以澳洲的中心地產公司（Centro）為例，這間公司的財務報表上出現了四十九億美元的黑洞，股東們為了得到價值損失的賠償，發起了集體訴訟。普華永道負責該公司的審計，負責管理公司中心帳戶的史蒂芬‧庫格（Stephen Cougle）在法庭上表示，資淺員工（有些剛從大學畢業）必須為這次的審計錯誤負責。但事實上，有一名資淺員工發現了錯誤，庫格卻沒能追查這些錯誤，並「針對帳戶展開全面審查」。澳大利亞證券與投資委員會（Australian Securities and Investments Commission，ASIC）下令，在接下來的兩年半裡，庫格禁止參與審計。普華永道最後付了將近六千六百萬澳幣（約兩億美元）的和解金。

就像當初推動佛羅倫斯的商業發展般，槓桿推動著四大的成長。品牌則是另一個幫助四大成長的要素。隨著四大的名聲愈來愈響亮，客戶開始朝他們聚攏，創造出強烈的趨勢。規模賦予企業市場力量，多樣化則能帶來實質或感知上的利益。職業規範也進一步鼓勵擴大規模。舉例來看，一九七〇年代，英格蘭及威爾斯特許會計師公會下令任何一間審計公司不得收受超過客戶利潤一五％的報酬。鑒於此條限制與其他規範，多數二線公司都和當時的八大進行合併：安達信、亞瑟楊麥卡連摩爾斯（Arthur Young McClelland Moores & Co.）、永道、德勤哈士欽與賽爾斯、恩斯特與惠尼、匹特馬威密卓爾公司（Peat Marwick Mitchell）、普華和圖謝羅斯貝利與史瑪特（Touche Ross Bailey & Smart）。當大型公司的排名以收入為主要根據時，會計界在縮減成八大後還是無法安分下來。

▌合夥人獎勵

四大的名稱中包含了十個人的名字。其中三人（庫珀、德勤和普里斯）於十九世紀期間過世；德勤和普里斯還是倫敦會計師協會（Institute of Accountants，即英格蘭及威爾斯特許會計師公會的前身）這個跨時代理事會的創始成員。其中九人於一九四九年以前過世。第十人瑞恩哈·哥德勒（Reinhard

Goerdeler，畢馬威 KPMG 的 G）則於一九九六年過世。自此之後，再也沒有任何一位四大合夥人能將自己的名字或縮寫放進商標。除了品牌帶來的聲望外，合夥人必須依賴其他能給予員工動力的事物：薪水、津貼、權力和威望。

四大的所有權與資金，全都握在合夥人手中。除了保留一定的獲利外，這些事務所透過要求合夥人按照年收益的比例，貢獻營運資本來獲得資金。新進合夥人經常是透過個人信貸來取得這筆資金，並透過組織業務來降低風險暴露（像是成立家庭信託或將資產轉移到伴侶、親戚名下）。除了必須提供營運資金外，合夥人可能還須支付商業保險並提供個人擔保（像是替事務所當前的債務作保），以便在財務需求出現時派上用場。

合夥人的薪水包含了「風險」元素，每年合夥人薪水的高低全仰賴部門裡個人的表現以及公司的整體營運。這個數字也把服從性和品質等問題考慮進去，但商業表現還是最為重要。各國的計算方法都不一樣，舉例來看，澳洲德勤有傳統的合夥人，也有不握有公司股份的「受薪合夥人」。典型的模式是握有股權的合夥人，根據股份多寡或單位或「合夥人點數」，來決定占有的收益比例；沒有股權的合夥人則不會被要求在營運資金、保險等事物上，做出同樣程度的貢獻。

在這個報酬制度下，四大的合夥人扮演著多重角色：工作

流程經理、警察、人生教練、治療師、祕密智慧的守護者、意識形態的維護者、俗世的哲學家、心靈導師、弄蛇人。到了一九七〇年代，會計師事務所將篩選和培養潛在合夥人的過程制度化。四大採用了各種版本的「合夥人認可方針」（Partner Acceptance Course，PAC），有潛力成為合夥人的員工，必須在白天接受嚴格的批判與對待，一直到夜晚才能在酒吧或健身中心恢復元氣。合夥人的篩選往往根據一連串奇特的個人屬性而定：身材、外貌、人格特質、魅力、侵略性、無情、自吹自擂的功力。這些全都在「合夥人認可方針」即時測驗場景中測試——公司會雇用演員來扮演客戶和同事。然而，並非所有候選人都能通過這荒誕的篩選機制。通過的員工往往都擁有某些難以言喻的特質，甚至是相似的外貌：曬成古銅色的皮膚、相當大的頭、筆挺的鼻子、充滿懷疑的眼睛、完美的髮型。這是一種結合了學院氣息、書呆子，卻同時善於交際的奇怪組合。

所有會計圈內的人，都知道這門詭異的合夥人人類學，以及駭人聽聞的合夥人分類法。所謂的「終身者」（Lifer）指的是一畢業就加入公司、並沿著職等往上爬的那些人。終身者屬於設備的一部分，也是公司文化（或至少部分的懷舊文化）最誠摯而熱情的守衛。有些終身者也扮演「技術人員」（Technician）的角色，負責維護標準與慣例知識。馬克・史蒂文斯（Mark Stevens）是一名調查記者，曾發表了一系列關於

會計的大膽書籍。根據史蒂文斯的描述,「技術人員」看上去就像是「自青春期起就被關在圖書館裡」的人;技術人員還「認為會計師如同漫畫中的卡斯伯‧米爾特斯(Caspar Milquetoast)那樣為數字著迷、總將頭埋在成堆分類帳中的過時印象,全都是真的。」

另一個新品種則是「超級合夥人」(Super Partner),指的是那些把看似無望的爛攤子變成搖錢樹(像是為國防部、醫院或安養院提供諮商服務)、從而晉升到如神一般等級的狠角色。能在五年之內將自己小小的成就提升至五千萬或一億美元價值的合夥人,基本上就可以隨心所欲擬定自己的條件。他們也可以擺脫各式各樣的約束。雇用自己的子女。更改或重寫關於提出、培訓和收購的內部規則。提出猶如女王般的要求,像是在度假村安裝更高級的電話收訊器。盡情地打高爾夫——超級合夥人基本上是無敵的。

接著,還有所謂的「空降合夥人」(Parachuted Partner),也就是從業界或政府機關挖角表現出色的人「橫向聘用」(Lateral hire);之所以稱為「橫向」,是因為這些合夥人從平行的等級過來,而不是由下力爭上游。在四大的文化中,「橫向聘用」這個詞帶有貶義。一位四大從前的董事為這個專有名詞下了定義:

這意味著你跳過了那些覬覦這個職位的內部候選人。這意味著你不需要像應屆畢業生或菜鳥那樣，做些苦差事。這意味著你沒有為這份文化付出任何心力。這意味著你是沒人愛的競爭者、搶人飯碗、奪走他人取得合夥資格的絆腳石。橫向聘用就像文化意義上的討厭鬼。

為了完善合夥人的分類，還得介紹另外好幾種類型：無法完成任何一件事的「完美主義者」（Perfectionist），因為他們總能找到可以繼續做下去的地方。吸血鬼（Vampire）指的是一旦進入客戶的辦公室死都不肯離開的人。跳跳人（Jumper）總是在四大間來回跳槽，且往往等到分紅後才離開。還有綜藝咖（Comedian）必須為近期某事件負責：

> 我們團隊裡的合夥人，總是執行著那些遊走在邊緣上的惡作劇。在一次我們公司參與的投標中，客戶（一所大學）詢問我們是如何為自然環境作出正面貢獻。在我們那份溫和、以嚴肅而專業語調撰寫的書面回復中，合夥人表示我們參與了溫室能源「HMATS」技術的實驗。倘若客戶的招標審理委員上網查什麼是「HMATS」，他們就會發現一個關於「人類甲烷汽車運輸系統」（Human Methane Automotive Transport System）的頁面，上面有一個偽造的示意圖，顯示駕駛的屁將通過一條從駕駛座延伸出來的管子，供應車子動力

哦！還有八爪章魚（Octopus）──那些老是喜歡毛手毛腳的人。

▎嚴禁賭博

一四五六年，身為梅迪奇銀行布魯日分行首長的安傑洛・塔尼，必須簽署一份嚴格規定他一舉一動的合夥關係協議。他只能離開布魯日到安特衛普和貝亨奧普佐姆（Bergen op Zoom）拜訪情人，或因為無可避免的出差行程到倫敦、加萊（Calais）和米德爾堡（Middelburg）。他不可以招待女性或男孩，生活安排與業務活動也有嚴格的限制規範。英格蘭及威爾斯特許會計師公會早期的附屬機構「特許會計師晚宴俱樂部」（Chartered Accountants' Dining Club）也針對成員建立了一套相似的嚴格規矩：禁止女性賓客，呼么喝六更是一大禁忌。「任何情況下都不允許骰子或任何危險遊戲出現，」規定還寫著，「玩惠斯特紙牌的下注金額絕對不可以超過一先令。」

如今，關於合夥人惡行的傳聞比比皆是。內線交易。因酗酒被迫提前退休（或早逝）。招待女友、男友、情人或妓女──並向客戶收費。利用工作電腦下載 A 片，或（更糟地）上傳。某些謠言一開始只在暗中議論，最終卻演化成公眾醜聞、

法律訴訟或制裁。我們很難知道哪些該當真；當然，有些只是謠言，並在這個競爭激烈、自私自利的文化下成為社交潤滑劑。這些多采多姿的謠言協助我們理解在四大工作的樣貌：他們的生活態度與「受人景仰」及「信守承諾」的表象，完全背道而馳。

▌性別意識

在會計發展的頭一百年，主流會計師事務所無論是在氛圍、裝飾或成員的篩選上，都有點像男士俱樂部。一九四〇年，在美國一萬六千名註冊會計師之中，僅有一百七十五位女性。大專院校也積極阻撓女性主修會計。即便真的有女性成功地從會計系畢業，她也會發現，在大型會計師事務所裡找到一份工作簡直是難如登天。直到一九六五年，安達信才聘用第一位女性會計師。當女性終於得以進入這個產業時，她們往往也只能從事地位較低或行政方面的工作，像是祕書、速記員、電腦操作員、過帳員助理，且在結婚後就必須辭職。

在專業期刊或專業聚會上，男性會計師總是嚴肅地看待女性問題，以及她們可能達成的成就。而這些意見神奇地預示了今日關於數位自動化與會計服務商品化的討論。男性會計師評論女性的論點，與當今討論機器人的論點很像。一九四二年

《會計學期刊》（*Journal of Accountancy*）的評論就是一例：「為了減輕男性在審計方面的工作量，女性會計師確實也能從事報告審閱、統計分析和辦公室管理職務。女性所具有的耐心、努力不懈、注意細節和追求精確等美德，再加上扎實的會計訓練，讓她們非常適合走上這條路。」

女性最終確實也爬上這門專業的頂層，但是速度簡直令人灰心。一八八八年，英格蘭及威爾斯特許會計師公會拒絕接受瑪莉・哈里斯・史密斯（Mary Harris Smith）的會員資格申請，只因她是女性。一直到一九一九年，《性別取消資格（移除）法案》（*Sex Disqualification (Removal) Act*）頒布，才讓這樣的拒絕違法。哈里斯・史密斯於是再次提出申請，並順利成為史上第一位女性特許會計師。隨後一連串的里程碑也陸續出現。一九四五年，英格蘭及威爾斯特許會計師公會的女性會員數多到足以成立一個勢力能與男性專屬俱樂部匹敵的晚宴俱樂部：女子特許會計師餐宴協會（Women Chartered Accountants' Dining Society）。一九八三年，來自曼徹斯特的雷娜・迪恩（Rayna Dean）成為普華第一位女性合夥人。一九九九年，在哈里斯・史密斯被拒於門外的約莫一百一十一年後，諾克斯男爵夫人（Baroness Sheila Noakes）成為英格蘭及威爾斯特許會計師公會史上第一位女性主席。

可嘆的事件也凸顯女性在會計界的崛起。舉例來說，一九

九〇年，美國聯邦法官要求普華給予安・霍普金斯（Ann B. Hopkins）合夥人資格並償還近四十萬美元的欠薪，霍普金斯稱自己成為合夥人的升遷資格因性別歧視而被拒絕。當霍普金斯的合夥人候選資格被無限期擱置後，她決定辭職並以職業性別歧視的原因控告普華，表示自己在缺乏升遷的機會後，無論是在講話、走動或打扮上，她都蒙受著必須更「女性化」的壓力。

長久以來，某種特定類型男性一直是四大不可或缺的存在，如某員工所述：

> 在我上頭工作的合夥人，他的心思就好像永遠停留在足球更衣室裡。他問候男性客戶的方式，就是說某某人看起來很像哪個A片明星；接著他會開始講限制級的故事，像是他自己的性生活，以及他和那些在健身房、酒吧或超市遇到的女性之間所發生的愉快回憶。這就是他成天掛在嘴邊的話題。當公司開始招聘那些曾在政府或藍籌公司那種極端健康環境下工作過的女性高級職員後，文化衝突自然無可避免，場面也總是相當驚人。

一九八一年，馬克・史蒂文斯引用了一名退休審計員的話：

> 在我那個年代，午餐時光簡直愜意無比。美味的餐點，和你興趣相投的男性愉快談天。現在，假如你想說個笑話，

你還得先環顧一下桌上的成員。因為你的合夥人可能會是黑人、猶太人、西班牙人或女人。你也知道這些人有多敏感。

在史蒂文斯捕捉下這生動的一幕後，事情出現了快速的轉變。這些公司採取了追求文化多樣性的進步政策、平權行動和接納 LGBTIQ[28]。憑藉著「致力追求包容性承諾」的力量，以及努力創造一個「無論是女同性戀、男同性戀、雙性戀、跨性別或雙性的專業工作者，都能坦然做自己的工作環境」，澳洲安永在二○一六年澳洲職場平等指標（Australian Workplace Equality Index）前二十名獎項中，榮獲第三。澳洲德勤則成立了「GLOBE」計劃，一個同性戀、女同性戀、雙性戀、跨性別和雙性者的領導論壇及成員社群，其描述如下：

> GLOBE 的目標在於創造一個具包容性的工作環境，讓 LGBTI 族群能忠於自我，成就自己的職業目標，無論個人的認同為何。GLOBE 的活動完全支持德勤的整體目標，亦即打造一個所有人都能感受到自我價值並被接受的環境。GLOBE 的工作小組每個月聚會一次，組織公司內部的活動、訓練與體悟課程。

28　LGBTIQ 分別為女同性戀（Lesbian）、男同性戀（Gay）、雙性戀（Bisexual）、跨性別者（Transgender）、雙性者（Intersex）和酷兒／疑惑者（Queer/Questioning）。

二〇〇〇年，德勤成立了一個全公司的「鼓動女性」（Inspiring Women）策略，旨在「提升比例過低的女性人才」。這個策略致力打造一個具包容性的文化，注重女性進步，途中需跨越的結構性與社會性障礙，也都一一克服。

　　這些都是正面且值得鼓勵的舉動。然而，在某些辦公室中，舊時代單一的文化與守舊態度仍舊存在：

> 我的執業團隊邀請高盛（Goldman Sachs）的勞拉‧李斯伍德（Laura Liswood）在員工會議上發表演說。作為職場多元化的提倡者，勞拉告訴我們語言如何將少數者排除在外。結束後我趕場去參加另一場會議，而我們那位盎格魯薩克遜白種人的人力資源經理，就針對一名年輕女性開了一個令人難以容忍的玩笑，並說她的印度姓氏根本無法發音。

　　二〇一三年，年輕的德州審計員葛蘿莉（Glory）以極具戲劇化的方式從普華永道辭職後（她那封標滿 hashtag 的辭職信更在網路上被瘋傳），網路上開始有人攻擊她不過是占了「多元雇用」（diversity hire）的便宜。最近另一樁廣為人知的事件，則是普華永道倫敦辦公室裡的一名接待員因為沒穿高跟鞋而被趕回家。二〇一四年，艾里克‧皮耶茲卡（Erik Pietzka）打贏了對普華永道的性別歧視案。他以家庭因素為由申請改為

非全日工作職，卻遭普華永道拒絕，他表示這件事損害了他升遷的機會。在其他案件中，惡名昭彰的八爪章魚不但沒被譴責，甚至還青雲直上；而受害者往往會獲得被派往紐約、摩納哥或巴貝多等夢幻爽缺，作為補償。性騷擾或違背企業理念行為的訴訟案還是絡繹不絕地出現。啟蒙是一條漫漫長路。

▍潛規則

早在一九四五年，普華的一名資深員工就開始關心公司內部逐漸發展成形的「狹隘氛圍」。剛成為合夥人的 W・E・帕克（W. E. Parker）認為公司變得「過於專注自身事物」，同事們都「太超過」了。他們陷在互相取暖的同溫層裡，心心念念著誰被提拔、誰升遷超快、同輩的人賺多少、有什麼肥缺釋出。這種文化既充滿同志情誼與友情，卻也充斥著心胸狹窄的嫉妒、苦澀的怨羨和有害的恨意。另一種「太超過」導致的症狀則是「大公司的傲慢」，有時候這種態度甚至大刺刺地展現在客戶面前，完全不知收斂。

帕克的描述凸顯了四大的另一種矛盾：這些企業擁有一股強大卻狹隘的內部文化。公司對於員工有極高的需求，且藉由從不同領域招聘人員的方式展現開放的胸襟。而自相矛盾的特質，則透過強烈的誘導方式來「調節」（有些人稱為洗腦）。在

二〇〇三年出版的《最終會計》（*Final Accounting*）中，芭芭拉‧托夫勒（Barbara Toffler）引用了一九九〇年代安達信新進員工訓練過程的開頭：「現在是紅色高棉元年。你剛剛出生。」對某些新進員工而言，四大的招募過程其實跟滲透山達基教會、統一教或中央情報局沒什麼兩樣。

在早年，合夥人是一群兼容並蓄、多采多姿的人（不妨回想山米、福拉克和道格），但在二十世紀中葉情勢大逆轉。隨著會計師事務所的地位愈來愈穩固、大公司的勢力愈來愈龐大，一致性成為當時的秩序；即便是再小的偏差，都有可能遭受攻訐。傑出會計師威廉‧西崔爾（William Seatree）因為將報告中的名詞全用大寫而被指責。更慘的是他居然離婚了！馬克‧史蒂文斯如此形容這股強烈的一致性風氣：「大公司裡有不成文的規定，要所有人的一言一行都和其他人一樣。這種夥伴關係會對那些偏離常規者施加集體壓力，也會排斥有冒險精神的人，甚至刪減他們得到的分紅。」

最近某位四大董事轉發的內容，亦是一例：

我們有位合夥人是蘇格蘭人。他時不時會穿著厚織橘色粗花呢西裝，搭配同款領帶出現在辦公室或客戶那裡，搞得好像這些衣服是他親手打的毛衣一樣。每次他這樣穿，都會引起全公司和合夥人顯而易見的驚惶失措。

然而，這些潛規則遠不止有服裝儀表，還包括不要太強硬捍衛自己的地盤；不要太積極和其他部門合作；不要太野心勃勃，但也不要過於缺乏野心；不要抱怨所有的時間表和績效指標；當你的部門被調到開放式辦公座位時，不要抱怨；不要咬指甲；不要帶輕食便當來上班；懂得靈活且總是有空；開一輛好車。

我們雇用了一位名叫艾力克斯（Alex）的合夥人。他來自希臘，個性浮誇招搖。他在大銀行裡有絕佳的人脈，擅長將這些資源轉變成可獲利的交流。另一名合夥人認可他這套獨特的作風，這也是他能贏得這份工作的原因之一，屬於「艾力克斯套組」的一部分。然而，這個套組中的某些部分卻令人難以忍受：他堅持開那輛破舊的日產 Skyline。一名資深合夥人不得不把他叫到一旁，跟他談談這個問題。公司可以忍受他所有的肢體動作和大話，但那台車？休想。幾個月後，一輛保時捷取代那台老爺車，停在艾力克斯的停車格裡。

馬克・史蒂文斯轉述了一則百事（PepsiCo）高層的故事，描述一位住在他家隔壁的大型會計師事務所合夥人。在夏季最熱的某一天，這位鄰居合夥人穿著百慕達短褲，上半身打赤膊，拿著一瓶啤酒，跳上他的割草機。第二天上班時，他被嚴厲地斥了一頓。因為當天另一位執行合夥人剛好在附近，恰巧

看到自己的同事穿成這樣修剪前院的草坪。這樣的奇觀讓他大發雷霆。割草的合夥人被警告這種「低俗的公開行為」不准再發生。他再也不許在外頭喝酒，上衣最少也要穿著一件高爾夫球衫。萬一客戶看到他怎麼辦？史蒂文斯用調皮的文字，為這段如同上網貼尷尬照片前身的小故事作結：「據傳，他連做愛都不敢脫上衣──畢竟你永遠都不知道誰會躲在床底下。」

史蒂文斯認為，這種追求一致性的文化，並不單純地只是「基於一致的一致性」，而是一種刻意的策略，好滿足客戶對資深會計師的期待。會計師這門職業是一種表演。學者安德莉亞‧惠特（Andrea Whittle）利用「俗民方法論」（ethnomethodological）來研究四大，結果證實了史蒂文斯的觀點。她觀察面無表情、沉默寡言的員工，是怎麼「躲藏在枯燥乏味的障眼法後面」工作的；她還總結道，要想成為一名審計員，「你的行為必須像一名審計員讓人信服，擺出那張不為所動的臉。」你必須符合既定形象。而你也必須深信：如同狼聞得到恐懼般，你任何一絲對自我的不確定，客戶也能嗅得到。

對史蒂文斯而言，會計師的形象相當具體。深棕色的公事包。翼紋（wing-tip）皮鞋。白襯衫。三件式細紋或無條紋西裝。（在描述男裝史的《紳士的衣櫃》〔*A Gentleman's Wardrobe*〕中，保羅‧吉爾斯〔Paul Keers〕貌似合理地聲稱，條紋的靈感源自分類帳上的細線。）四大的合夥人大多不

會打扮得太花俏，他們看起來就像是薪水並不高的銀行監督人或保險理算員。刮鬍子是一定的規矩，儘管偶爾也會有例外。恩斯特・庫珀（Ernest Cooper）出道早期的著名事跡是他在參訪希臘後開始留鬍子——各種苦惱與焦慮隨之而來。現在儘管外頭正流行蓄鬍，但在四大內部，留鬍子仍是一個令人不悅之舉。近期，某間事務所的員工被相當清楚地告知，蓄鬍將是成為合夥人的一道障礙。對經濟學家或工程師而言，蓄鬍無傷大雅，但會計師可不一樣。

在二十一世紀，「休閒星期五」成為四大內的時尚戰場，凸顯了自由與約束間的文化緊繃。合夥人對穿休閒服的活動讚不絕口，認為這正是代表事務所文化開放的最佳實例；他們卻又同時頑固地透過 Email 來規範大家，並嚴格批評腰間的游泳圈，夾腳拖和刺青當然絕對不允許。說穿了，訂這些規範的人和批判除草男子者是同一批人。關於現代辦公室與工作模式，馬修・克勞福德（Matthew Crawford）提出極有見地的看法：典型的四大辦公室是「道德教育場所，一個靈魂被定型、並被強烈灌輸我們怎麼樣才是一個好人」的最佳例證。休閒服裝日危機四伏，簡直是舊時溫和派專制主義與新管理主義（managerialism）交鋒的火爆戰場。

第 **8** 章

眾人中的最平凡者
——會計師事務所的專業價值信念

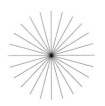

▍人性枷鎖

在毛姆（Somerset Maugham）一九一五年出版的《人性枷鎖》（*Of Human Bondage*）中，描述了十九世紀會計師事務所的內部景象：「這裡又黑又髒。唯一的光線來自一扇天窗。房間內擺著三排辦公桌，一旁放著高腳凳。壁爐架上放著一座老舊骯髒的拳擊雕刻品。」辦公室的裝潢能反映一個人的地位。舉例來看，普華的合夥人辦公室裡有裝飾華美的壁爐、桃花心木辦公桌和土耳其地毯。而一般員工則不可能接觸到這些奢侈品。

以當代的眼光回顧，會覺得十九世紀會計師事務所的日常就像是古色古香的古董。每天早上，大門接待人員會削好鉛筆，替換鋼筆尖，補充新的大頭針和迴紋針。門房負責準備下午茶時段所需的麵包和餅乾。審計員則必須帶著高頂禮帽、穿著燕尾服或禮服大衣，在外面跑業務。對於待在辦公室的員工來說，圓頂硬禮帽和短大衣則是可以接受的穿著。在庫珀兄弟早期創立階段，合夥人和員工之間有著涇渭分明的區隔。下班後，員工會到當地的小酒館享受「抽菸聚會」。這個聚會的精彩之處，往往是放肆批評合夥人那稀奇古怪的怪癖。

在那個年代，會計服務的執行方法往往是基於「人情」。個人關係就和個人判斷及個人決定一樣重要。在規範執業者行

為方面，此門專業依賴著所有人共享的價值觀，包含了謹慎、尊重、誠實、連結、同僚關係、菁英主義、禮貌、人性、獨立自主、客觀、自制，以及馬克·史蒂文斯所稱的「對於華而不實商業生意的不屑」。而這些事務所不願意從事的工作就跟其願意從事的工作一樣，在很大程度上定義了其位置。道德標準是一個緩慢的灌輸過程，需透過實務經驗和制度性傳統來達成，如新教教義、貴格教義或共濟會原則。

讓會計師們引以為傲的，則是他們那套引導自己從事工作、並判斷雇員狀況的專業價值觀。在《會計學視野》（*Accounting Horizons*）期刊中，史蒂芬·澤夫解釋了其運作的方式。在一九六〇年代晚期，「除了罕見表現不佳的狀況」，所有合夥人都會獲得終身職的保證，直至退休。「如果一名合夥人贏得新客戶，他會受到褒揚，但獎金會發放給所有合夥人，亦即作為對其他人給予客戶審計服務品質的認可。」倘若某一位合夥人因為會計服務品質和客戶產生對立，他也有自信其他的合夥人將「動用一切資源」來支持他。在一名會計師成為合夥人後，一般而言，他絕對不會跑到敵對公司或其他產業任職。合夥關係被視為「一個人的職業生涯高峰」。

當然，這些價值觀在四大的發展史中，無可避免地和禁止廣告的命令一樣，進了廢紙簍。如同諮商方法是從各界蒐集而來般，大型會計師事務所的企業文化，也是從各個領域擷取而

來：除了法律和教會，還包括了學校、智庫、速食店和電話客服中心、鏽帶（Rust Belt）[29]、麥迪遜大道、倫敦市、英國海軍大樓、華爾街、白廳、白宮。在二十世紀的最後數十年，關於企圖心、商業主義、折衷等新價值觀，以其信任崩塌的徹底程度、同等地滲透這門專業，而矽谷盛行的重點牆、休息室等裝修風格，也在四大的辦公室裡掀起仿效旋風。

在察覺到會計這門專業因搖擺在公共利益與商業動機、低調與高調作風間而導致的緊繃狀態後，哈佛商學院教授大衛·梅斯特（David Maister）於一九九〇年代至二〇〇〇年代間，提出了一連串讓會計師重拾初心的呼籲。梅斯特批評四大進行合併的態度，並呼籲回歸往昔那著重人格特質與人與人關係的時光。他認為理想的事務所應由「有效運作的小規模實踐小組」所構成。如同呼應喬凡尼·德·梅迪奇認為應「切勿驕矜自滿」、「別老是擺著指導別人的高姿態，要用溫和而善良的道理來討論事宜」的建議，梅斯特提出了一個意外的角色，作為會計師的理想榜樣：彼得·福克（Peter Falk）在電視影集中所飾演的傑出偵探可倫坡。

可倫坡的調查手法，就是捨棄以自我為尊的自尊。他總是穿著皺巴巴的大衣，抽著廉價的菸，開著一輛老舊的寶獅

29　泛指美國因工業衰退而沒落的工業城市，如底特律、匹茲堡等。

（Peugeot），聽上去比艾力克斯的日產 Skyline 還要糟。在他找到解決方法後（他總能找出每一樁犯罪的答案），他也只是靜靜且低調地揭穿答案。根據梅斯特的看法，會計師和顧問可以從可倫坡身上學到無窮盡的優點。

無獨有偶，梅斯特為了讓資深會計師放下以我為尊和傲慢的態度所提出來的典範，也和四大的標準化及商品化背道而馳。可倫坡的方法總是「量身訂制、獨特且視情況做調整」。他是如何讓犯罪者拋開戒心？福克扮演的偵探會利用「直覺和本能」，而不是官方機構的維持治安方法。

儘管非常有趣且精闢，這樣的典範卻存在著根本性的問題。其中一個就在於此方法必須仰賴客戶願意扮演兇手這個角色。（多數關於會計師與客戶關係的比喻，較常來自誘惑或浪漫愛情，且經常以調情、求愛和完婚這樣的詞彙來形容。）更重要地，這樣的榜樣與當代的合夥人主義完全不合。身為團體中的一份子，當代的會計師很大程度地忽視了梅斯特的呼籲、或可倫坡的方法。

▍更強硬的作風

在對抗傳統價值觀的戰爭中，商業主義脫穎而出。從過量

的審計工作、諮商服務爭議和滅絕等級事件中,我們可以清楚看見專業誠信與獨立原則一次又一次地遭受考驗。但在會計師事務所大舉進軍急速擴張時期下,另一項專業價值觀——自制,被證明才是最難守住的一項。

在一九六九年《商業周刊》(Business Week)所刊登的一篇文章〈更強硬的會計師們〉中,宣告了自制時代的結束:「某些事務所宣稱,」紐約某一大型會計師事務所不具名的資深合夥人說道,「在諮商層面,他們堅決不會跨越那條涉及管理決策制定的線。但你千萬不要被任何人騙了。其實我們什麼工作都願意接。」

在一九七八年惠普(Hewlett-Packard)開始進行審計前,共有十家會計師事務所寫信毛遂自薦,企圖承接此業務。一九八〇年十月,在美國註冊會計師協會(American Institute of Certified Public Accountants,AICPA)的年度會議上,直率的董事會主席威廉・格雷戈里(William Gregory)說道:

> 看來,此專業領域出現的驚人成長與競爭壓力,已導致部分註冊會計師出現過度商業化的態度,且其近乎缺乏高度原則的行為,更背離了我們對真正專業人士的期待。有人認為我們似乎變成了一群能力超群的技術人員與商人,卻也在追求企業成長與利益最大化的同時,將禮貌、互相尊

重、自制和公平置於次要地位。

然而，專業服務的風氣已經永遠改變。一九八四年，圖謝羅斯的資深合夥人表示大公司不會願意為了原則之爭，而失去客戶。隔年，德勤的董事長J・麥克・庫克（J. Michael Cook）據報導表示：「五年前，倘若別家事務所的客戶找上門來，向我抱怨他們的服務有多爛，我會立刻將消息轉達給那家事務所的執行長……如果是今天，我會試著搶走這個客戶。」

到了二〇〇三年，根據史蒂芬・澤夫的看法，會計界已經學會業界的一切作風，並失去作為一門專業的氣質。這些作風包括了「割喉戰、削價競爭、廉價廣告和公開搶其他事務所的客戶。」貿然擁抱商業主義的行為，讓會計師事務所規模更大，獲利更可期。但這也讓其員工在面對顧客棘手的要求時，更容易屈服和妥協。比起把持公司的原則，會計師更在乎的是如何答應對方的請求。澤夫描述了一九八〇年代的合夥人，是如何和技術專家私下開會，以找出突破規矩的方法：

> ……或許是重建一項重大方法、重新配置一筆交易、想盡辦法合理化類似方法的請求，好讓公司同意客戶所意圖使用的會計方法。而此種因為重大轉變而出現的「通融」或「協商」心態，也讓更多審計合夥人即便是在和客戶的定期會議上，也更容易流露出妥協的姿態，而不是堅守原

則。

在今天的四大辦公室裡，我們也能看到相似充滿焦慮的會議。隨著商業重心變得愈來愈明顯，資深合夥人開始察覺舊時策略與當前商業必要性之間，出現極大落差。部分合夥人因此渴望一舉打破該專業的限制。一九八五年，圖謝羅斯的拉夫・華特斯（Ralph Walters），記錄下此種困境：

> 大型事務所就像是在一台遲早會停下來的跑步機上跑著，而每一位管理者都決定只要在自己任內，就不能讓其停下，甚至還要加速。這讓許多「以資訊為本」的服務，必須朝多元化發展。而多元化帶來的總體效應，就是改變了該專業心態的平衡——遠離審計的心態，並朝著顧問的心態倒去。多元化的服務讓事務所漸漸地可以和其他缺乏或較沒有專業／競爭限制的領域競爭，而此時我們的傳統專業行為標準，就成為一種競爭上的絆腳石。

▎你是我的審計員嗎？

史尼斯、惠尼和華特豪斯一定沒有料想到，自己的專業價值觀會成為「競爭上的絆腳石」。華特斯困境的核心，出在審計與顧問兩方的衝突上，也就是會計文化變遷下所導致的核心

矛盾。管理諮商部門的成長，改變了審計員與其他專業人士的角色與重心。現在，他們不僅僅要檢查客戶的帳目，還要找機會推銷自家的顧問服務。

一九八四年，行銷專家保羅·布魯姆（Paul Bloom）為專業服務企業提出建議，該如何將「實踐家」轉變成「行銷家」。根據布魯姆的說法，傳統上在專業服務組織內，銷售的工作絕大多數都是落在那些展現出興趣、且具有天賦的少數資深者身上：這些人是「發現者」。相反地，「項目管理和技術任務則留給了其他人（『維護者』和『操作者』）。但漸漸地，這些企業發現在銷售方面，其參與層面必須擴大。普遍而言，客戶和個人更容易聽進去那些為其提供服務者的話。」

馬克·史蒂文斯則把話說得更白，點出所有大型會計師事務所都聘請專業的業務員，卻羞於告訴大家這些專業人士的存在。為什麼？「僅僅因為對事務所而言，這種聘用業務員並派他們笑著去推銷會計的做法，看起來實在不夠專業。」

對所有人（不僅是『業務員』）而言，擅長銷售將是進入四大的成功之道。有些全國性事務所採用了麥肯錫的「八－四－二」方法。在此一方法下，各階層的員工都需要為銷售表現、計費時數和「商業發展」目標負責。具體來看，他們被預期應至少參與兩項主動任務、至少四項進展順利的提案、且至少八

次搶贏先機（opportunity leads）。這些期望和早期普華的標準非常不同，當時的合夥人多數時候是一次參與一件重大事務。

外部的觀察者不難發現，企業的必要性與商業化，已經取代了專業主義精神和公眾利益。客戶也察覺到此一改變。二〇〇二年，伊安狄‧道根在《華爾街日報》上發表了一篇關於安永水牛城辦公室審計「終身職」者 C‧安東尼‧瑞德（C. Anthony Rider）的文章。身為年薪三十萬美元的四大合夥人，瑞德發現自己掉入了強調銷售與「商業成果」的職業困境中。安永指派他負責三百萬美元的年銷售成長額，並讓他和其他合夥人接受訓練，學習交叉銷售、結構和技術性諮商服務，以及關於保險、財務規劃、合併與收購的諮詢服務──事實上，根據瑞德本人的說詞，也就是「任何一切可攤在陽光下的事。」

當瑞德帶著他的新方法展開實戰時，困惑的客戶問了他一句：「你是我的審計員還是業務？」瑞德就跟許多資深的合夥人一樣，為著新目標、或迷失重心的新情況而苦惱。他沒能達成銷售目標。起初，他的薪水只是被減少了一〇％，而他也看開了。對那些早就對「八－四－二」標準習以為常的顧問一輩而言，四大的歷史淵源和其舊有的專業價值觀就像是外星人般，也如同過時的高頂禮帽、墨水瓶和禮服大衣。

█ 大型投資機構

隨著舊有的價值觀逐漸崩毀，大型會計師事務所開始從其他產業身上，尋求可以仿效的商業價值觀。在這些產業之中，最突出者莫過於自由度極高的大型投資銀行──一個與貴格主義、神探可倫坡或喬凡尼‧德‧梅迪奇那謙遜姿態截然不同的極端發達商業主義。

投資銀行的發展史與四大的發展史，有極多相似之處。這兩個位於不同領域中的企業，其根源都來自於中世紀晚期與文藝復興時期的創新及商業合夥制度，還有十九世紀規模相仿的專業企業。舉例來說，摩根士丹利（Morgan Stanley）、美林證券（Merrill Lynch）等企業，源自於相似的前身，且同樣面臨從紳士品德過渡到猖獗商業主義的挑戰。在這一路上，投資銀行也和四大一樣，屢屢陷入相似的醜聞與災難中──有時甚至是兩者夾擊。然而，此兩個宇宙的運行軌跡，卻大相逕庭。

倘若我們說主流會計師與審計事務所合夥人為「領高薪……但稱不上富裕」，那麼成功的投資銀行家就可以說是坐領高薪，且極端富裕。在一九八〇和九〇年代，四大的合夥人經常會和投資銀行家一起廝混：他們一起為著同一筆交易努力（儘管會計師收費低非常多），在同一間俱樂部、酒吧、酒館裡

喝酒。銀行家總是能獲得極其優渥的薪水（有時甚至過於優渥），因為他們必須在賭本極高的遊戲裡，承擔極大的風險。而四大過去四十年的發展，也是一個賭本不斷上升的故事：更大的辦公室、更大規模的業務、更多員工、更高的風險。而四大的員工們對銀行家的薪水、分紅和生活方式，總是投以羨慕的眼光。因此幻想世界另一端是什麼樣子，也是極為合理的現象。

從銀行界，四大借走的概念不僅僅有「生前遺囑」。公司內某些部門的合夥人與員工，借用了投資銀行的職稱，稱資深董事為「助理董事」（Associate directors），資深合夥人為「副總裁」。在四大內部，某些服務範疇更極力複製投資銀行那套文化。四大的企業財務實踐（外加制式規定的領帶、袖扣和傲慢），就是最明顯的例子。透過此些舉動和某些部門，四大的部分員工得以從偽銀行業進入到真正的銀行界。四大的人總是將踏入投資銀行界，視為一種升遷。而經歷相反的人，則往往要忍受關於提高此兩門產業平均智商的玩笑。

在模仿投資銀行的氣質與方法同時，某些會計師也因此學到了銀行界最糟糕的一些文化：出現在辦公室的脫衣舞孃、下班後吸點古柯鹼等等。然而，模仿最多也只能模仿一半。四大的管理風險在規模上，小了一個等級。會計師事務所缺乏銀行家的資金來源、工作時數、分析的強度以及商業許可。四大永

遠只能支持中等程度的銀行文化。所以脫衣舞孃永遠都比人家醜一點，古柯鹼也總是比較不純。

▌會計大師

近代史上第一批會計師，是在佛羅倫斯的算術學校、英國的文法學校、貴格學校或荷蘭鹿特丹、台夫特（Delft）、貝亨奧普佐姆的商業學校裡接受訓練的。在一九五〇年代以前，四大裡很少有大學畢業生。即便在今日，一流大學的畢業生往往也不樂意接受以專科為主的工作，更不願意加入會計師事務所。

在十九世紀時，會計師事務所的執業方式，主要是模仿其他領域如法律事務所而來。作為大學文憑的替代，新進員工必須完成見習職員這一關，才能攀附上地位較高的職等階梯。早期，普華絕大多數的合夥人如福勒、哈爾西（Halsey）、史尼斯和懷恩，都是在公司內部接受訓練並獲得升遷資格。除了埃德溫・華特豪斯以外，這些人在入職時，都不具有大學文憑。華特豪斯本人也只在中段班的大學念過書，並獲得了艾德加・瓊斯所謂的「優秀的二流大學學位」。

「自食其力」的做法一直持續保留著，並讓伊恩・布蘭朵

（Ian Brindle）一九九五年稱「內部升遷」為普華文化中最為顯著的一點。根據布蘭朵的看法，四大文化的另一個特點，則是極度缺乏大規模合併的經驗：「和多數競爭者不同，我們的成長主要是靠內部，而不是外部合併。」在短短的三年後，這兩個特點再也不屬於普華的文化。

即便到了一九九五年，普華也仍舊持續改變著。在其英國分部的稅務執行部門中，有將近一半的合夥人是從其他組織跳槽過來。橫向聘用在管理諮商界——以及漸漸地擴散到審計界，變得極為重要。史蒂芬·澤夫說道：「在一九九〇年代，六大的頂層管理者中非註冊會計師者，占據了許多位置。」

橫向聘用的人才，多來自其他會計企業或相近的領域，如經濟或財務。然而，卻也有些是從天差地遠的領域而來。安達信的美國最高領導史蒂芬·薩梅克（Steve Samek），雇用了一名小提琴家，好讓自己的審計員能更肯定地視自己為「大師」（Maestros）。二〇一六年的十二月，羅素·豪克夫特（Russel Howcroft）接手澳洲普華永道一個新的資深職位：「創意總監」。豪克夫特來自廣告和電視界，新職責的任務包括為資深行銷長提出關於品牌策略的建議。其他三家四大，也紛紛雇用許多非會計背景人士來擔任高級主管。澳洲德勤的新創單位，雇用了有資訊技術、學術和馬戲團背景的人士。在過去，會計界一直視創意為壞事。

這些事務所的創造力抱負，也很大程度地在其對外溝通、尤其是應屆大學畢業生招聘活動上，一覽無遺。舉例來說，普華永道二〇一七年的招聘人員，就宣揚這是一個在「由專業活力和創造力所營造出來的流暢、快節奏環境」下，體驗「有彈性、創造性工作、新市場與創新解決方案」經驗的機會。

然而，絕大多數招募到的員工，還是或多或少依循著傳統的道路，通過執業會計和商業證照，再進入到註冊會計師認證。在基本層面上，這些事務所並不接受職業多樣性的概念，而這也讓他們陷入惡夢般的兩難境地。指派非會計師來領導公司進入非會計師領域的未來，意味著嶄新與創新，卻也有可能使其疏遠原有的核心業務。在向外開疆闢土的同時，他們也很有可能丟失既有的家園。

對四大內的資淺員工而言，關於創造性的花言巧語和日常工作的現實，出現極大落差：檢查帳目、測試控制、整理數據、統計規定、輸入面談逐字稿；還有花大把大把的時間製作枯燥乏味的 PowerPoint、Word、Excel 檔。只有某些特定性格的人，才可能願意容忍這些事。一名四大的董事是這樣描述她自身的經歷：

我陷在呆伯特（Dillbert）[30] 般的惡夢之中。就舉一個例子。我必須填寫一張關於個人發展計劃的表格。而必須填入我「個人願景」的空格，最多只能輸入二十個字。看來我的願景太大了。而我感覺自己才是做錯的那一方。

另一人這麼寫道：

四大是一個官僚主義盛行的地方，甚至比銀行或政府部門還要嚴重。在我任職的四大裡，無論是時間記錄、資源管理、風險管理、完成度報告、產能報告、產能規劃、收費費率、契約定價、利潤、授權、購入、支出、外包商、合約審查、合約協商、創立文件、創立檔案、審查文件、批准報告、績效評估、就職、離職、人才辨識、人才發展、職業發展、一致性、多樣性、指導、承諾、文化、衝突、環境永續性、社區投入、客戶反饋、質量控管、質量保證、小組計劃、商業計劃、策略計劃，全都有相對應的系統與目標。我們有四種類型的垃圾桶。外包商的招標則有五個獨立的認證流程。如我所說的，一切都很官僚。

在「多元雇用」葛蘿莉那封有如病毒郵件般瘋狂轉發的辭職信中，她批評某些同事會為了讓合夥人留下好印象而加班到

---

30 美國漫畫家斯科特・亞當斯（Scott Adams）在一九八九年開始出版的漫畫跟書籍系列，由作者自身辦公室經驗跟讀者來信為本的諷刺職場現實的作品。

深夜。她認為合夥人不應該被視作皇族:「他們就跟你我沒什麼不同,只不過口袋比我們更深一點。」她也說自己的工作需要「填寫大量不會幫任何人帶來益處的無用報告」。審計工作則是「那些沒有選擇餘地的人從事的工作。」在輔導與合夥人會議上,她使用了包括「逼人太甚」(soforced)、「超級詭異」(thatissoawkward)、「假審計員說假話」(fakeconvosforfakeauditors)、「對我來說實在太親暱」(waytoointimateformytaste)和「傻子也不願意坐在這情人雅座上與你對望」(noidontwanttogazeintoyoureyesatatablefortwo)等hashtag。

作家及專門研究領導關係的學者傑拉德・賽基斯(Gerard Seijts),曾著名地指出所謂的「文化」,就是在沒有人監視的情況下所發生的事。然而在四大裡,總有人在看著。這些國家級的企業利用公然與隱匿的方式──包括開放式辦公室天花板上的攝像鏡頭,來監視員工。所有項目文件都會經過正式審閱:文件經常沒能通過審閱者,可能會被罰錢或開除。電子郵件和社群媒體都會遭到監視,Hotmail、Gmail、Dropbox、twitter、facebook 和 Instagram 的使用則受到限制(但不包括LinkedIn)。某些網站在工作時間內不可以瀏覽;有些則是任何時候都不能。員工的工作情況就如同史上第一批搭上火車的人一樣,受到極致的約束管教。

但在瘋狂之中，藏著一定的秩序。在計劃、目標和指標的迷霧之中，藏著一定的策略性目的。持續性的時間壓力能激發出更大的努力（且許多時候還能誘發無薪加班），並確保此一努力的優先性。從多樣化的角度、不斷改變且難以確定的加權方式，來評估員工表現，就和那總是搖擺不定、無法確定的合夥資格有著非常相似的效應──根據實測，此舉是強迫員工在各方面（包括工作產出、組織忠誠度和對公司價值觀的堅持等）、拿出最大努力的有效方法。在對鴿子進行的心理學測試裡，也能觀察到相同的影響。當獎勵為固定且可以預測時，鴿子付出的努力開始下降，只願意做到最低限度。但當獎勵是隨機且不確定時，鴿子就會傾盡自己的心力。

▍擾亂戰術

現在，我們理解庫珀兄弟的員工喜歡在「抽菸聚會」上大談合夥人怪癖的行為，一點都不奇怪。在槓桿世界與合夥人制度底下，四大員工每日存在的價值都因為合夥人而被定義或影響著。

員工之間搶著越過合夥人門檻的情況，一直是合夥人制度下最明確的目標。艾德加‧瓊斯曾描寫過在一九六〇年代普華美國公司內，有將近一半的員工都希望成為合夥人，但在一百

名應屆新聘員工中，僅有九個人可以真的走到這一步，且需要花上十二年。在這個過程中，有些人很享受競爭的刺激，有些人卻覺得精疲力竭。然而這種合夥人關係卻必須建立在多數員工認為合夥人關係是可以獲得、且值得嚮往的目標前提上。

但對多數處在合夥人軌道上的員工而言，關於這個目標的細節卻總是如此撲朔迷離。對新晉合夥人的起薪應抱持什麼程度的期待？銷售目標會是多少？新晉合夥人應掏出多少的營運資金和保險金？對策劃這場遊戲的資深合夥人而言，這些不確定性都是戰術的一部分，如同員工績效指標一般。合夥人制度是施行擾亂戰術的好場域。

用看似唾手可得的合夥關係來誘惑表現優異的資深會計師，是該專業服務模式的另一個支柱。馬克・史蒂文斯寫下一個過度利用誘惑手段的小故事。故事中的會計師最終成功進入合夥人軌道，但他也犧牲了自己的婚姻、家庭生活及身心健康。合夥關係被拿來當作獎勵很多次，但每一次都落空。當這樣的情況發生得太頻繁時，董事說的話他一個字也聽不進去，只是「漠然地看著他們的嘴張張合合」：

> 我突然明白這是怎麼一回事了。這只是一場騙局，一個企圖使我赴湯蹈火的陰謀。即便我賠上了自己的人生、處在崩潰邊緣，對他們而言仍然不夠。他們利用將紅蘿蔔貼在

我的眼前、又瞬間抽走的方式，榨乾我最後一絲的力氣。

在這個瞬間，我看破了。

　　隔天，這名會計師提出辭呈。「真正讓我害怕的是，」他這麼對史蒂文斯說，「倘若我真的成為合夥人，我可能這一生都要賠上。」在四大裡，策略性地誘惑和剝奪，仍舊是最稀鬆平常的工作日常。

PART

3

成年後的困境

在 PART3，我們會探究發展成熟的四大即將面臨哪些根深柢固的挑戰。我們會檢驗那些反覆讓四大付出昂貴代價的災難，並找出這些事件常見的導火線：未察覺的詐欺行為、在審計上明顯的努力不足，以及四大服務項目間所存在的根本性衝突（如審計與諮商），導致事務所審計品牌的價值被侵蝕。

在這個背景之下，「審計期望落差」成為四大的兵家必爭之地。此領域內發生的小規模交鋒，往往在於審計員能否察覺詐欺行為；審計這門生意能否確實持續經營，清清白白的審計意見是關鍵的證據。我們將研究這些小規模的戰爭，並觀察審計員如何自保（像是將自身的責任有限化）。「審計品質」是一個相當模糊的概念，而我們也可以觀察到，審計意見的可信度似乎深受內部問題影響。稅務服務也有同樣深層的問題，引發的後果也相當嚴重。在第11 章，我們會了解四大的稅務災難，也會看清新的道德披露又如何讓過去的避稅方法變得不可行。

最後，我們將看到四大在中國市場所面臨的一連串挑戰，這些挑戰凸顯了四大事業緊繃的程度，且暗示了前景堪憂的未來。

第 **9** 章

無保留意見
——作為品牌根基的審計

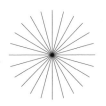

▌ 審計的魔力光環

　　四大會計師事務所皆有提供審計與諮商的服務，而在四大內，這兩大服務範疇也有極大的落差，像是員工資格與經驗、工作量、收費標準、工作時程與合約類型都截然不同。與諮商服務相比，審計是一項高成本、低收益的業務，且有著不同的經濟與文化模式。四大內部的審計與諮商往往被分在不同的部門，實務上更是彼此獨立。要是你是四大的顧問，你很有可能在公司待了很長的一段時間，卻從未遇見過審計部門的員工，反之亦然。當年輕員工們說在四大工作就像是「契約奴工」時，他們指的往往是審計工作。年輕菜鳥審計員的日常工作枯燥無味、千篇一律；四大向畢業生宣傳推廣自身企業時，如此乏味的審計工作也甚少提及。在公司內部，審計工作往往被輕忽，審計員的地位也比較低。多數畢業生都把審計工作當作通往其他職務的跳板──無論什麼職位都好。

　　（四大的網站上有上百頁的資訊，但瀏覽了半天往往只會讓人開始懷疑，這間公司到底在辦理什麼業務。這樣的懷疑確實情有可原，畢竟所有網頁都沒有清晰且具體地交代公司實際提供的服務。因為這些公司都在防患未然，為自己留退路。原則上，四大身為「策略性解決方案」的提供者，業務項目包山包海，僅有極少的領域或企劃絕對不碰。）

儘管四大的諮商漸漸興盛，審計業務仍舊是四大獲利的重要來源。此外，僅管審計的利潤和地位較低，依舊有利可圖，這全有賴四大在上市公司審計業務的壟斷地位。除了獲利，審計還能產生其他效益的生意。對四大而言，審計業務也是讓他們之所以和其他顧問公司與眾不同之處。為什麼美國電影藝術與科學學院（American Academy of Motion Picture Arts and Sciences）要為了計算奧斯卡的票數，和普華永道合作這麼多年？因為在大型會計師事務所擁抱了商業化與多元化的發展後，他們誠實與正直的形象仍舊留了下來。四大的品牌形象依然帶著強大的企業價值，而這樣的企業價值絕大部分正是審計所奠定的。

　　四大企圖將自己在審計與會計方面的品牌資產，轉移到如策略、IT諮商或不動產顧問等其他領域和服務。這麼做確實很有效：指派審計員能讓客戶在尋求建議的同時感到放心。利用審計的魔力光環，四大輕而易舉地贏得顧問方面的業務。然而，這些業務卻在許多層面上和原有服務產生利益衝突；此外，顧問業務的增長也極有可能提高風險，並損害企業的品牌形象。

　　舉例來說，當四大內部的非審計人員提供類審計風格的服務像是評估、內部評鑑、誠信服務或政策研究時，客戶可能會誤以為這些產品能提供等同於審計層級的保證，並具有傳統企

業審計的特質。就方法論來看，各種審計之間（如財務審計和績效審計）以及審計與評估之間的界限非常模糊，很容易被忽視。此外，儘管企業內部在服務範疇內有著嚴格的劃分，但客戶從外頭只看得到四大的品牌光環。而那些將非審計服務視為有審計品質保證的客戶，也將可能因此身陷險境。在虛假的安全機制上進行冒險行為，遠比在具有一定保護下做出冒險行為的「道德風險」問題，來得更加嚴重。而四大本身所面臨的危機也是如此。基於種種原因，公司從品質、誠信打造的聲譽，很有可能被顧問服務弱化毀損。

而品牌削弱的情況，在稅務諮商方面更為嚴重。少數幾個重大稅務服務很有可能徹底摧毀四大的品牌價值。比起提升企業在誠信方面的聲譽，協助富人與跨國企業轉移收入或隱匿海外資產的舉動，只會腐蝕既有的好名聲。[31]

除了提供可能會造成稀釋效應的服務外，四大更因為許多行為而削弱了審計品牌的形象。舉例來說，反覆發生的醜聞正一點一滴（有時甚至是大幅度地）侵蝕原有的品牌價值。在過去一個世紀的時間裡，這些企業在特定領域專業知識上的投資比重相對較少。審計變得更為制式化與標準化，品質也開始下降。一百多年來，隨著顧問服務的崛起，審計的危局已成為會

---

31   關於四大的稅務諮商與服務請見本書第 11 章。

計界最顯著的趨勢。但事情是如何發展至此的？

　　幾乎每年都會有學者發現年代更久遠、且內容更晦澀難懂的審計起源史料。這已經成為一種學術界的競賽。最新找到的證據顯示，巴比倫、美索不達米亞、埃及、希臘、波斯、羅馬和中國（約公元前一千年的西周時期），都有公共審計者的存在。十一世紀的《末日審判書》裡有一套審計系統，在那個系統內，皇家審計員基本上就代表「上帝的最終審判」，因為沒有人能躲得掉他們。如同稍早所提到的，十三世紀的英國社會會用投票的方式選出「審計員」，以確保公共帳目的清明。而對西歐那些發展出奇地早的國家審計機構而言，這些先例都是發展的根基。舉例來說，早在一三一四年就有類似英國國家審計局（UK National Audit Office）的雛形出現；法國審計法院（French Cour des Comptes）是一三一八年；荷蘭審計院（Dutch Algemene Rekenkamer）則為一三八六年。

　　梅迪奇銀行就建構在一套極為謹慎的審計體制上。每一年，最受信賴的員工會逐條檢驗並質詢每一筆交易。舉例來說，一四六七年，安傑洛‧塔尼被派遣至銀行倫敦的辦事處，特別「挑出可疑或過期的帳戶」，進行查檢。卡斯提爾的女王伊莎貝拉一世（Isabella）則派遣了一名審計員跟著哥倫布（Christopher Columbus），以確保他能正確計算在西印度航行中所收得的利益。荷蘭東印度公司的主要股東則指派審計員

（rekening-opnemers），那些審計員有權針對公司年度帳戶進行詳盡的檢查。約書亞・威治伍德那套錯綜複雜的成本會計系統，也讓他能即時察覺資深辦事員監守自盜的行為。這一切的歷史典故都告訴我們一個無可爭辯的事實：審計存在的由來已久，並且包含了相當多樣化的實踐方法、原則與目標。

在帕西奧利針對審計所提出的那些非常現代的建議中，他認為審計是一個檢查並發現財務數據錯誤的程序。而這個概念也反映在第一條現代公司法案中。一八四四年頒布的《合股公司法》（*Joint Stock Companies Act*）建立了一套系統，註冊公司必須依照法令繳交審計過的資產負債表；而由股東選出來的審計員則必須嚴格檢查帳目，並在股東大會上報告。一八四五年的《公司條款法》（*Companies Clauses Act*）則將審計程序與審計員需求納入規範。這兩條法案形塑了歐洲、美國，乃至於全世界的審計程序。

就美國而言，公司審計在一九三〇年代以前並不屬於強制行為。然而在一九二六年，紐約証券交易所九〇％以上的業界公司，都會執行審計。一九三三年的《證券法》和一九三四年的《證券交易法》，則要求所有新的與繼續註冊的公司，必須將自己的財務報表交由獨立的註冊會計師進行審計，這個程序因而越發落實。而連續發生的會計醜聞，比方說一九三二年那

場眾所皆知的「克魯格破產」（Kreuger crash）[32]，更是加速了現代法案的施行。

伊瓦‧克魯格（Ivan Kreuger）就像是當時的馬多夫，透過生產並販售安全火柴賺進好幾筆橫財。儘管表面上受人敬重，克魯格背地裡卻進行了許多鐵路產業經常玩的老把戲：利用本金支付股息、濫用壟斷的權力、依賴新投資者補償舊投資者的付出等等。事實上，克魯格的商業帝國就像一場龐氏騙局，最終也以驚人的方式崩潰。《證券法》與《證券交易法》的制定者希冀未來再也不要發生同樣的事——然而事與願違。這場禍患過後，一連串會計審計的災難又接連出現，監管部門的失效一再上演。

▌代價慘烈的大洪水

在古時候的雅典，奴隸是最好的審計員——因為要是審計出錯，他們就會遭到酷刑折磨。在現代，失敗的審計員則要承受不一樣形式的折磨：特別調查、法院任命調查員、國會委員會、淪為馬多夫的獄友。（一個和中國頂尖會計師事務所合作的電視節目裡，主持人向觀眾問道：「你想成為百萬富翁嗎？

---

32 因瑞典金融大亨伊瓦爾‧克魯格的自殺所導致的金融崩盤，瑞典和美國尤其受害最深。

那麼請成為會計師事務所的合夥人，因為這裡將是你的天堂。你想破產並被打進大牢、還要拜託老婆替你帶個便當嗎？請成為會計師事務所的合夥人，因為這裡就是地獄。」）

四大會計師事務所全都曾在檢驗、並認可某份財務報表後，又被揭露資料有誤。四大也都曾經如自己的重要前輩般，經歷過審計災難。就拿普華為例，一九三一年的皇家郵政（Royal Mail）案，差點淪為一場大災難，並引起民眾的高度關注。普華的合夥人 H・J・莫蘭德（H. J. Morland）被依《竊盜罪法》（*Larceny Act*）起訴，因他通過了英國最大航運公司那份「足以誤導人」的會計帳。莫蘭德的辯護律師陳述自己的客戶是「虔誠的信徒……深信神的旨意自會對此事有所定奪。」在冷靜地接受激烈的交叉詰問後，莫蘭德對尼可拉斯・華特豪斯說：「他們對待基督徒的態度奇差無比，我又何苦要表明自己是基督徒呢？」

而在一九六五年的羅斯剃鬚刀（Rolls Razor）案裡，普華再次被指控簽署了有誤導之嫌的會計帳目，普華審計員未能察覺出股票偽造和其他會計詐欺的情況。最終，清算人對普華提起的訴訟在庭外和解，普華也為此發表了一份聲明，企圖將這件事對聲譽的損害降到最低：「審計員從頭到尾都嚴正地表明自己並無責任方面的疏失。選擇庭外和解，也只是為了避免經

歷漫長且昂貴的訴訟過程。」

在隨後的幾年間，有愈來愈多大型會計師事務所發現自己身陷法律糾紛，而同樣的聲明也必須一而再、再而三地發布。有著夠深的口袋以及職業損失補償性保險，審計員因此成為尋求損害賠償方的頭號目標。這類法律訴訟大部分的問題起因幾乎都一樣：審計員未能察覺會計錯誤、貪污，或即將破產的危機；審計員涉及計算錯誤或直接詐欺；投資者、監管機關和客戶窮追猛打。而反覆出現錯誤的審計，也讓監管機關制定新法令並採取行動。

到了一九九〇年，隨著法律調解的數量不斷高升，審計已經變成一門高風險且代價昂貴的服務。舉例來說，一九九二年在 MiniScribe 投資者所提起的訴訟案中，永道最終以九千兩百萬美元和解。十年間，永道又接連為了羅伯特·馬克斯威爾（Robert Maxwell）媒體帝國的崩塌、法默爾連鎖藥房（Phar-Mor）的破產，付出了巨額的代價。而普華因為國際商業信貸銀行（Bank of Credit and Commerce International）的審計問題捲入了漫長的訴訟案，最終在付出一筆龐大的費用後，於一九九五年落幕。層出不窮的訴訟案，導致企業的保險費大幅攀升；「許多保險公司甚至拒絕讓大型會計師事務所投保審計業務，迫使普華和永道另外撥出一筆金額，為自己應急。」

▌安隆、沙賓法案和 Peek-a-boo

安隆的崩潰定義了二十一世紀初期企業倒閉的樣貌。安隆徹底被規模既深且廣的詐欺給吞噬，並讓所有的詐欺行為看上去就跟一般舉動沒有兩樣。在安達信飽受爭議地銷毀審計相關文件後，二〇〇二年六月，安達信被處以共謀和妨礙司法的重罪。根據美國證券交易委員會的規定，安達信再也不能從事審計業務；公司將交還註冊會計師執照，放棄營業的權利。進行交易的資格被剝奪後，安達信失去了未來。[33] 而在隨後的安達信會計師事務所對美國政府案件中，最高法院認定一審陪審團所收到的指示有缺陷，也就是法官未能告訴陪審團他們必須找到安達信知法犯法的證據，因此事務所有罪的判決被撤銷了。儘管如此，無論是對公司還是對員工而言，這個判決都來得太遲了。

安隆、世界通訊和廢物管理公司案的爆發，讓監管機關將主要焦點集中到審計員這個角色上。在美國，監管機關的主要應對方法，反映在二〇〇二年七月所頒布的《沙賓法案》（也被稱為『Sarbox』）中。安達信既是安隆的顧問，也是安隆的審計員。美國政府認為安達信贏得非審計業務的企圖，影響了

33　在最後關頭進行切割的安達信諮商部門，最終存活了下來，並改名成埃森哲（Accenture）。

他們在評估安隆財務報表時的客觀態度。而這樣的想法，也導致四大能推銷給審計客戶的非審計服務範圍受到擠壓。而會計師事務所能提供的服務類型，絕大多數的決定權將不再握在自己手上。

《沙賓法案》讓審計執行出現了重大變革。其中備受爭議的四〇四條款，要求外部審計員針對受審單位內部控管的充分性，進行評估報告——這是一份需要耗費極大心力的工作。《沙賓法案》對審計程序的其他影響，則透過美國公開公司會計監督委員會（Public Company Accounting Oversight Board，PCAOB）來體現。公開公司會計監督委員會是非營利組織，負責確保審計標準的適宜性和審計品質。因簡稱而被審計員戲稱為「Peek-a-boo」[34] 的公開公司會計監督委員會也取代了美國會計師協會的審計準則委員會（Audit Standards Board）。

Peek-a-boo 的權力極大。該公司有權「監督上市公司的審計以確保投資者的利益，並透過具充分資訊、準確且獨立的審計報告準備，來促進公眾利益」，且對於那些未能遵守規則的審計員，處以上百萬美元的罰款。Peek-a-boo 成立後，也立刻開始找會計師事務所的麻煩。舉例來說，二〇〇八年八月，該

---

34 原本是一種大人用來逗嬰兒的把戲，用手將臉遮起來、再突然出現的過程。公開公司會計監督委員會的簡稱因為發音與此相近，而被戲稱為 Peek-a-boo。

公司列舉出十項案例，指出畢馬威在這些案例中，未能達到審計行為的期望。出錯的內容非常廣泛，包括了未能確認估值和客戶主張、忽視違背一般公認會計原則的情況。二〇一二年，Peek-a-boo 針對普華永道五十二件審計作業進行評估，並指出至少有二十一件有明顯缺失；二〇一三年，五十九件中又有十九件。同年，畢馬威的缺失率高達四六％，且有反覆的事例指出畢馬威「未能取得充分證據來支持審計報告、或顯示公司有效檢驗內部管控。」

二〇一五年，Peek-a-boo 審查了七十五間公司，涵蓋了一百一十五件審計和一百一十四件相關證明服務，這也是所有審計與相關證明服務必須依照公開公司會計監督委員會標準及修正的《證券交易法》17a-5 以來執行的頭一年。該機構持續發現過高的缺失率（審計七七％，相關證明服務五五％）。對於「調查中所有企業與審計所展現出來的本質，以及在高缺失率上的一致表現」，Peek-a-boo 表達了憂心：

> 許多持續發生的缺失基本上與先前報告中所描述的缺失極為相似，且往往關乎審計最基本的層面，亦即審計是否遵照一般公認會計原則或公開公司會計監督委員會標準來執行。許多接受調查的公司在審計作業上需進行大幅度的改善，以符合專業標準及美國證券交易委員會和公開公司會計監督委員會的標準。

這對長久以來一直抗拒成為「單純的自動化機器」、緊緊守住自己商業獨立性的四大而言，這樣的高壓審查絕對令人煩躁。儘管如此，這個情況對財務的影響，還是引起了審計企業的關注。二〇一四年，美國德勤董事長兼執行長喬伊・烏庫佐克魯（Joe Ucuzoglu）對《經濟學人》表示，公開公司會計監督委員會成為「如今審計員朝思暮想的事。他們的工作必須能經得起嚴格的審查。高品質的工作成果可以獲得表揚，但過失卻可能嚴重影響他們的生計。」

▌審計員與二〇〇八年金融危機

安隆破產的那一年，也是一連串規模差不多的災難接連發生的開端。舉例來說，在二〇〇八年的金融危機中，大銀行與金融服務企業的倒閉，就牽連到許多審計員。四大的客戶中，也出現了破產或需要政府援助、被收為國有化的情形。而在幾樁特別重大的破產案中，四大的名字也被牽扯進來。德勤負責貝爾斯登（Bear Stearns）和房利美（Fannie Mae）的審計。畢馬威負責花旗集團（Citigroup）的審計。普華永道負責美國國際集團（American International Group）和高盛。安永則負責雷曼兄弟（Lehman Brothers）。

在雷曼、貝爾斯登和北岩銀行（Northern Rock）倒閉之

前，全都得到了無保留意見的審計報告。桑恩柏格房貸（Thornburg Mortgage）是全美第二大的獨立抵押貸款提供者；畢馬威先是在二○○八年二月二十七日公布了無保留意見的審計結果，沒多久又趕緊撤回。接著，在審計報告發表不到一個禮拜，畢馬威便表示自己之前三年的審計報告「不應該再被依賴」。然而，這些報告都沒能讓所有者和投資者放心。審計的失敗昭然若揭，導致審計成為金融危機與後續法律責任的追究重點。

蘇格蘭哈里法克斯銀行（Halifax Bank of Scotland）開始快速成長、並籠罩在狂熱的商業文化中時，前畢馬威的合夥人保羅·羅素·摩爾（Paul Russell Moore）成為該銀行的集團監管風險部門長官。摩爾對於高階管理階層的銀行風險概況和銷售策略等作為深感憂慮（包括為那些無法償還貸款者提供貸款）。二○○五年，擔任銀行審計的畢馬威針對摩爾的擔憂展開調查，卻表示蘇格蘭哈里法克斯銀行擁有適當的風險管理。三年之後，在金融危機期間，蘇格蘭哈里法克斯銀行深陷重大困境，導致政府必須出手相救，讓蘇格蘭哈里法克斯銀行和駿懋銀行（Lloyds TSB）合併，形成駿懋銀行集團（Lloyds Banking Group）。

在另一樁案例中，被牽連的則是美國畢馬威：兩名審計員因為漏看以內布拉斯加州為根據地的 TierOne 銀行貸款損失準

備（該銀行於二〇一〇年間倒閉），而遭受停職處分。在上訴後，美國證券交易委員會甚至對審計員處以更嚴厲的懲罰，總結這兩名審計員的作為「令人震驚、極端不合理，且充分證明他們執行審計的無能。」他們也繼續譴責：「被告不僅沒能察覺行為背後的錯誤本質，也未能提供將來不再犯同樣錯誤的保證。綜合以上各點，我們深信，被告未來仍有再犯的風險。」

在這場金融危機之中，雷曼兄弟或許是最令人片刻難安的災難。安永連續七年（直到二〇〇七年）負責雷曼兄弟的審計業務，在雷曼兄弟破產的前十年裡，安永一共收了一億八千五百萬美元的費用。在危機爆發後，紐約破產法庭委請安東・瓦盧卡斯（Anton R. Valukas）調查雷曼兄弟倒閉案。瓦盧卡斯是簡博律師事務所（Jenner & Block）的董事長。二〇一〇年他交出了長達兩千兩百頁的調查報告，為了準備這份報告，有超過七十名律師參與調查，檢驗了三千兆位元組（petabyte）的資料，等同於三千五百億頁的資料，或一百五十座國會圖書館的資訊量。

雷曼積極使用了被稱為「附買回協議一〇五」（Repo 105）的金融掩飾手段。公司在每季結束前，將資產負債表中價值數十億美元的資產「賣出」，並在很短的時間內再「買」回來。在這段過渡期間，雷曼得以利用這種來來回回的手法

減少其他負債，從而隱瞞自己極端的槓桿操作。如同貝爾斯登，雷曼的槓桿比率超過了三十比一，這也意味著該公司的資產價值只要出現三·三％的下滑，就會摧毀所有股權的價值，並使其破產。在Ｊ·Ｃ·錢德爾（J. C. Chandor）二〇一一年拍攝的《黑心交易員的告白》（*Margin Call*）中，也將這驚人的槓桿搬上大螢幕。

「Repo 105」中的「repo」，指的是附買回協議（repurchase agreement），亦即合法要求雷曼買回該計劃中被「賣出」的資產；數字的部分則指抵押的比例，也就是一〇五％。如此一來，雷曼就可以合法將這個動作記錄為交易，就跟真的賣掉資產一樣。會計準則明確指出，抵押品的價值如果落在該抵押品價值的九八％至一〇二％間時，就不能進行這樣的會計處理。因此，透過曲解會計準則，雷曼將比例拉到一〇五％，而回購義務就可以因此被藏匿起來。[35] 這就類似當你的房子價值增值時，你卻不想要將貸款付清一樣奇怪，完全違反經濟與會計邏輯。

美國財務會計準則委員會（Financial Accounting Standards Board，FASB）前主席鮑伯·赫茲（Bob Herz）表

---

35 雷曼兄弟的做法就是讓此種融資方式看上去不像是一種融資（在財務報表上仍看得出來是一種負債），而是真正的買賣（表面上就像是賣出資產以降低槓桿般）。

示，雷曼兄弟所依賴的文字僅僅是一個描述了「買回協議中典型的抵押安排」範例——亦即一個絕不如雷曼兄弟所宣稱的，企圖創造「明確」會計準則的例子。此外，瓦盧卡斯發現安永其實有察覺到 Repo 105 的操作，卻仍然提出了無保留意見的審計報告。雷曼的執行長理查‧傅德（Richard Fuld）也透過 email 知悉這樣的交易。當法院開始審理此案時，傅德的辯護律師指出當事人並不知道這些花招，因為他「根本不使用電腦」，只會操作黑莓機，而黑莓機沒辦法開啟這些附檔——這當然一點說服力也沒有。

然而，比知悉 Repo 105 更糟的是安永被指控直接幫助雷曼，從而誤導投資大眾與監管機關。安永在這件破產案中所扮演的角色，也讓公司被捲入紐約、紐澤西和加州的訴訟案。紐約檢察總長安德魯‧柯莫（Andrew Cuomo）指控安永協助雷曼掩飾財務狀況。誓言將全力捍衛自己的安永，則力辯雷曼財務報表的呈現合乎一般公認會計原則，且雷曼的破產「並不是出於任何會計事故」。儘管如此，法院獲得了審計失誤的決定性證據。

法院記錄成為最有趣的閱讀材料。雷曼的告密者與安永的年輕審計員都曾對 Repo 105 提出警告，但他們的擔憂據說被自己的公司置若罔聞。雷曼的資深副總裁馬修‧李（Matthew Lee）曾經對審計員表示，他認為 Repo 105 的用法並不恰當。

安永的審計員巴哈洛・簡（Bharat K. Jain）曾寄信給上司珍妮佛・傑克森（Jennifer Jackson），質疑此舉可能帶來的名譽風險。儘管安永的「主辦會計師」針對雷曼的會計帳目提出種種質疑，據傳安永還是沒有充分調查此事，或對審計委員會提出意見。法院也聽取了關於安永與雷曼之間的緊密關係。在可疑交易發生絕大多數的時間裡，雷曼兄弟兩位首要財務長皆為安永的前員工。

結果證明，此案讓安永付出了極大的代價：雷曼投資者所提起的集體訴訟，最終以九千九百多萬美元和解，而紐約的案件則以一千萬美元和解，此外還有許多罰鍰與和解，對公司聲譽也造成了極大的損害。

▍危機過後

英國上議院委員會審視了在金融危機爆發前，英國審計員審計銀行時是否抱持充分的質疑。四大也被指控對客戶出現的過度行為與管理不當視而不見。此外還有更嚴厲的指控，當四大的代表出現在委員會面前時，利浦錫男爵（Lord Lipsey）嚴厲地說道：

你們的義務，就是把公司的真實狀況告訴投資者，然而你

們卻給出一份經過刻意設計，並誤導市場與投資者真實狀況的陳述。對我而言，看到審計員這麼做是一件極其詭異的事。

四大的證詞表現出來的漠不關心、拐彎抹角與空泛立論，讓利浦錫男爵覺得自己「就像掉進愛麗絲的夢遊仙境」。男爵最後如此總結：「銀行審計員的自滿，是催化危機相當重要的因子。無論是他們沒能察覺堆積如山的危機就要崩塌，還是儘管知情卻沒向監管機關表達自己的憂慮，他們都該為這些錯誤負起責任」

二〇〇八年馬多夫的龐氏騙局，讓人回想起克魯格破產事件，也為金融危機注入一劑更純粹的詐欺。安永、普華永道和畢馬威審計了「餵肥」（Feeder）投資基金，讓數十億美元進入該計劃。集體訴訟案被提起，指控某些審計員違反受託職責。然而在案件開庭後，控方撤銷對審計員的指控。儘管如此，在經歷這麼多危機後，審計災難仍未劃下句點。

二〇〇九年的印度，科技公司薩地楊（Satyam）承認在資產負債表上，偽造了超過十億美元的現金。二〇一〇年的中國，木材公司嘉漢林業（Sino-Forest）宣稱自己擁有一片根本不存在的樹林。謊言被拆穿後，公司市值蒸發了九五％。二〇一一年的西班牙，據說班基亞銀行（Bankia）在發行公眾

股之前就出現財務謊報的情形。十個月以後，銀行被國有化，以防止破產。二〇一一年的日本，光學設備製造商Olympus揭露公司隱藏了數十億美元的損失。二〇一二年的美國，以一百零三億美元買下軟體公司奧托納米（Autonomy）的惠普（Hewlett-Packard），因為公司在收購前的財務虛報，遭受了超過收購金額一半的損失。二〇一二年的英國，普華永道因錯誤地報告摩根大通證券（JP Morgan Securities）有確實遵守客戶資金隔離與保護的規矩，而被罰以一百四十萬美元的罰鍰。二〇一三年的中國與美國，德勤因未能察覺雙威教育集團（ChinaCast）的資產被「肆無忌憚地轉移」到另一實體，而被起訴。二〇一四年的英國，巴菲特在特易購（Tesco）的投資案中慘虧了七億五千萬美元。僅管當年的審計員建議應對「可疑的回饋」加強審查，但對特易購二〇一三年的財務報表，還是「給予了無保留意見的審計結果」。二〇一五年的美國。西音河流健保系統（Singing River Health System）因為系統性審計錯誤，而控告畢馬威，「並導致史上最大幅度的修正」[36]。

　　有鑒於這些災難的規模與後果，在金融風暴期間與之後所發生的審計失敗，就跟二〇〇二年的事件一樣慘烈。根據這

36　在該公司更換審計公司後，新審計公司發現其帳務出現八千八百萬美元的赤字是畢馬威之前未能發現的。

些案例，我們或許可以說後安達信時代的改革以及核心主軸，也就是《沙賓法案》，實質上失敗了。

第 **10** 章

整頓
——在審計方面遭受的損害

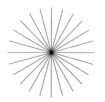

▍期望落差

現代企業的複雜性經常是導致許多重大審計失誤的主要原因。皇家郵政案就是早期審計員試圖克服複雜性的例子。皇家郵政手中握有規模龐大且多元的跨國運輸與交易業務。眾多子公司也以不同的方式和母公司交易。母公司與子公司各自保有一筆內容龐雜的準備金，而這些準備金之間複雜的調度軌跡，最終成為隱藏皇家郵政巨大交易損失之處。借用艾德加·瓊斯所言，公司各部門與帳目的架構錯綜複雜，外部審核者「幾乎不可能」評判財務狀況。在醜聞爆發的後續法律效應中，審計員的律師費盡心力整理其中的盤根錯節；那七本以顏色來編排的辯護檔案也在法律界引起一陣轟動，並被稱為「彩虹摘要」。

在二十一世紀，衍生性商品、智慧財產、企業架構和企業會計的發展讓企業變得更加複雜，審計也更難執行。澳洲金礦開採公司瓜利亞家族（Sons of Gwalia）就是最好的例子。二〇〇四年，該公司倒閉；在政府與法院後續的案件中，我們看到了審計員心有餘而力不足的情形。公司的破產管理者費瑞爾哈欽森（Ferrier Hodgson）宣稱，負責公司審計作業的安永根本沒有掌握公司黃金與美元避險合約上的會計複雜性。二〇〇九年，為了這件公司倒閉案，安永同意以一億兩千五百萬美元進行和解。

在和龐大企業奮鬥的戰役之中，審計員似乎已力有不逮，而前述案件不過是冰山一角。二〇一四年，歷史學家雅各·索爾也描述了在選擇權、期貨和複雜融資手段那「不斷變異、猶如細菌般的財務工具和把戲」面前，審計員是如何苦苦掙扎以免被吞噬。「單就複雜程度與營運規模，就足以讓銀行、企業和政府實體變得無法審計，光審計高盛就要動用多少會計師？這個任務能達成嗎？」他這麼寫道。

然而，審計標準卻逐步要求審計員必須掌握這樣的複雜性，客戶、投資者及監管機關更如此期盼。毫無疑問，這些期待絕對合理。其他領域的專業人士也經常需要和驚人的複雜性纏鬥。對醫生、律師、工程師和科學家而言，努力解決複雜的人體、案件、機械和系統問題，不過是天天都在發生的事。會計師克服複雜的歷練其實也沒有少過，甚至可以追溯到十九世紀的鐵路狂熱時期——尤其是鐵路清算所。第一批現代審計員是透過指派資深人員進行審計、專攻特定產業與企業的人才、耗費大量心力去理解和形塑企業該如何記錄並報告業務活動等方式來克服的。而這一切和會計師作為公共利益守護者的使命與地位，也完全一致。

因此，光用複雜性不足以解釋會計師近期所遭遇的困境，肯定還有某些事情發生。而這些事情和審計員如何工作、必須面對怎樣的刺激和市場力量、服務內容的廣度深度，都有極大

的關係。就像「彩虹摘要」以及安東‧瓦盧卡斯那份長達兩千頁的雷曼兄弟報告，理解複雜性需要耗費極大的時間、金錢與努力。而這樣大費周章的投資，對於如今充滿槓桿的商業化會計模式而言相當陌生。畢竟業界為了節省成本、擴張利潤，總是派遣經驗不足、又沒有特殊專精領域的員工上陣。一連串的審計失誤，也只是期望落差帶來的結果。

曾經擔任安達信律師的吉姆‧皮特森（Jim Perterson）認為，在當代的審計標準下，一份無保留意見的審計意見，指的不過是審理的財務報表內容「大致上、且就我們所看到的多數時間上，沒什麼大問題。」會計專業人士是如此定義審計的，一份任何人都不可能出錯的工作。隨著時間過去，企業審計開始縮窄規模，結論也變得更有所保留。審計員漸漸開始只抽樣檢查交易，並以有限的方式進行控制測試。結果和結論則充滿但書。

唯一沒有改變的，卻是非審計員對於審計內容和達成目標的期待。這些非審計員包括了顧客、股東、監管機關、立法者、金融家、保險公司、證券交易所和法院。雙方之間的落差可謂十萬八千里。而這樣的現象之所以持續存在，則是因為並非所有人都同意審計員可以定義審計的本質與範疇。

期望落差似乎是一個處處可見的現象。原則上，病患會預

期醫生可以治癒所有病痛；客戶希望律師能打贏每場官司。但當我們 Google「期望落差」時，會發現這個概念絕大多數都是針對審計。基本上，其他職業和產業不太會受這種落差折磨。[37] 此外，透過 Google 的搜尋結果，我們還可以發現受期望落差折磨最深的是審計員，而不是那些抱持著煩人期望的非審計員。

▋ 創造信任的技巧

預期落差的爭議，主要圍繞著審計的定義打轉。審計包含哪些行為？可以做些什麼？其目的又為何？

審計（audit）一詞源於拉丁文的「傾聽」（audire），和許多詞彙如事實、實情、信任、責任歸屬和獨立性等，同屬於具有信任意味的完形[38]。這些詞彙往往會被用來定義上市公司審計行為的廣度與目標。一般而言，這些目標在於幫助公司所有者、投資者與管理者，提升企業責任和表現。麥克・包爾（Michael Power）稱審計為「創造信任的技巧」，讓投資者與大

---

37 醫學和法律等專業領域，也不像四大那樣熱衷於創造出新術語。
38 完形心理學，格式塔是德文「Gestalt」的音譯，意即「模式、形狀、形式」等，意思是指「動態的整體（dynamic wholes）」。格式塔學派主張人腦的運作原理是整體的，例如：我們對一朵花的感知，並非純粹單單從對花的形狀、顏色、大小等感官資訊而來，還包括我們對花過去的經驗和印象，加起來才是我們對一朵花的感知。

眾確信公司的管理階層是負責且廉潔的。法蘭辛‧麥坎納（Francine McKenna）認為，「會計師事務所與成千上百名的審計員，應該是投資者的第一道獨立防線。」弗德列克‧惠尼曾於一八九四年對伯明罕註冊會計師學生協會（Birmingham Chartered Accountants Students Society）表示，審計員的義務是「確認數字是否為真」。世人的普遍認知是無保留審計意見等於一間公司的會計帳通過審核；而審計報告則會針對該公司事務給予「真實且公正」的評論。

然而多數時候，當代負責上市公司審計的審計員，總是試著減輕眾人對於審計結果能保證程度的期待。舉例來說，審計員會強調他們不「保證」財務報表是正確的，他們只針對報表是否符合標準，以及就報表有沒有刻意誤導之嫌表示意見。在〈昏昏欲睡的看門狗〉（The Dozy Watchdogs）一文中，《經濟學人》的編輯發現美國當代的審計對於正確性並不發表任何意見，只不過是提供一份「單頁的通過／未通過樣板報告」，並針對公司報表內容在素材上是否合理呈現、有沒有符合一般公認會計原則，給予「適當的擔保」。曾擔任畢馬威執行長的現任英國電信集團（BT Group）董事長麥克‧瑞克爵士（Sir Michael Rake）表示，「審計員的所在位置如同板球場上的不見得會布屬防線的後野區，而非游擊區。」麥克‧瑞帕波特（Michael Rapoport）則在《華爾街日報》上發表了對審計員的

看法：「審計的目的不在於阻止公司執行愚蠢的商業行為，而只是確保這些行為能被適當地揭露。」

儘管如此，預期落差仍舊存在。其中有兩個層面格外明顯。第一：審計員是否該警告投資者破產即將發生？第二：審計員是否應該察覺受審方的詐欺行為？

審計員對受審方營運狀態的評估應負多少責任，向來是會計學與企業管理的熱門議題。早在二〇〇〇年，英國審計標準就試圖釐清這個定位：「審計員的工作必然得考量一個企業實體在可預見的未來能否繼續營運。也就是說，他們也必須同時考量公司與營運環境現在與可能未來的情況。」然而，二〇一一年五月，特許公認會計師公會針對審計員在「持續經營」方面所應負的責任，下了更保守的定義：

> 就持續經營而論，事實上審計員的職責並不要求保證在可見未來內，該公司可以繼續運作。審計員只需評估當前的財務報表是否符合可持續經營這個前提。他們必須考量任一事件或債物（或有負債等）是否會威脅到這間公司的清償能力，審計員的責任不包括跳脫依所選報告而獲得的公司遠景評估、去評判公司的財務健康程度。

魯莽的放貸讓愛爾蘭銀行（Bank of Ireland）在二〇〇八年的金融危機中，股價暴跌了九九％。普華永道負責該銀行的審

計。危機發生一年後，約翰・麥克唐納（John McDonnell）負責領導普華永道相關的審計員，他出席了調查愛爾蘭銀行危機的聽證會。在委員面前，麥克唐納表示：「審計員的存在，並不是為了針對一間公司的營運模式給予意見或評論。」

財務報表捕捉下歷史交易與事件所造成的影響。其存在目的不包括讓使用者可以憑此做出經濟上的決策。會計原則的標準，是讓財務報表忠實呈現歷史交易和事件。穩定狀態、資本適足率和未來展望等，已超越會計原則的能力範疇。

為了針對這個僵局提出一個可能的解決之道，部分關係者呼籲審計報告應該要擴大。舉例來說，二〇一四年美國普華永道的董事長鮑伯・莫理茲（Bob Moritz）承認，倘若能在報告中囊括更廣泛的「價值動因」（value drivers）[39]，審計報告的效用將會更高。

然而，就審計員對期待落差的悲嘆而言，這個提議是有價值的。預測破產所需的能力與資訊，遠超過審計一份財務報表所需的資格條件。而之所以會需要關於持續經營的相關意見，主要是因為當一間公司即將破產、公司的品牌價值與專業資產都將付諸東流時，對各種資產的解釋將會非常不同。有些人或

39　決定一間公司能否繼續維持營運獲利的資產和活動。

許會認為，倘若審計員沒有給予可繼續經營的意見，或多或少反映了企業的健康情況。但根據我們對過去持續經營意見的檢驗，就可推翻這個觀點。

▌良莠不齊的歷史

審計員是否有責任義務調查並找出詐欺行為，也是一個爭論已久的議題。一八九六年，在一場知名判決中，英國上訴法院法官亨利・洛佩斯（Henry Lopes）說道：

> 審計員不需要是一名偵探，或總是抱持著懷疑工作，用自暴自棄的態度認為事情一定有哪裡不對勁。他們是看門者，不是獵犬。他可以合理信任受審公司派來的職員。而他也有權假設對方正直無私，相信對方以合理謹慎的態度所提供的陳述。

有鑑於接連發生的企業詐欺案與審計醜聞，法官的看法似乎有點過於天真。然而，這段話在會計界的影響力卻非常強大。

一九四〇年代，美國藥物經銷商麥克森與羅賓斯（McKesson & Robbins）成了舞弊案的受害者，公司被內部的

資深管理者與他的三兄弟精心設計。這幾名詐欺者「嚴重誇大」公司的應收帳款與庫存。公司的審計交由普華負責；而普華沒能察覺這些舞弊的行為，也沒有確認應收帳款或庫存。儘管如此，審計員確實可以宣稱在當前的審計標準之下，他們不需要進行這樣的檢驗。

而在審計的完形底下，揭穿詐欺行為自然與誠實或責任肩並著肩。然而，對於挑出受審方的詐欺行為，四大的記錄卻非常差勁。為什麼？因為專業服務槓桿模式意味著派出資淺、經驗不足的員工去執行這份工作。因為一般而言，審計員並沒有接受成為調查者的訓練。因為財務審計著重在控制與系統，而不是交易。因為審計員通常只會拿抽樣基礎來進行控制和系統測試。也因為審計員經常處於資訊不利的弱勢：不同於內部人士，他們根本不知道屍體埋在哪裡。

因為這些原因，四大遺漏了某些重大弊案。二〇〇七年，德國畢馬威在一樁涉及西門子（Siemens）的收賄案中，因忽視了「可疑支付款項」而遭到調查。二〇〇九年，安永同意支付南方保健（HealthSouth Corp）的股東與債券持有者一億九百萬美元，取得涉及詐欺性誇大收益會計醜聞案的和解。一名安永的會計師作證指出，他們確實收到一封警告南方保健有可能出現詐欺行為的詳盡警告信，但安永仍然沒能抓出那筆二十五億美元的收益。同樣發生於二〇〇九年，政治人物和愛爾蘭聯合

銀行（Anglo Irish Bank）的股東，批評安永沒能查出該銀行放了金額極高的貸款給董事長尚恩・菲茲派崔克（Seán FitzPatrick）。愛爾蘭政府隨後買下該銀行全部的所有權，代價是兩百八十億歐元。一名調查員被指派負責審理安永的行為。接著是二〇一三年的雙威事件，根據原告的指控，德勤「用自己的名聲和品牌，為一份幾乎完全是偽造出來的財務報表做保。」

而在那些日益增加、且未被揭穿的詐欺事件中，包括了全錄（Xerox）的「會計把戲」，以及德勤和普華永道都未能察覺的 TBW 與殖民銀行詐欺事件。近期，比爾及梅琳達・蓋茲基金會（Bill & Melinda Gates Foundation）因巴西石油龍頭的貪腐而導致投資失利一事，控告普華永道和巴西石油公司（Petrobras）。這些與日俱增的失誤，顯露出另一項更令人擔憂的事實：多數詐欺並不是由審計員所發現。一般而言，詐欺行為總有曝光的一天。監管機關、舉報者、貪腐的委員會、監管委員、調查記者、私家偵探、賞金獵人、保險公司、警察、法院、獨立調查者、調查公司、社會運動者甚至是學生──這些非審計者全都在揭穿貪腐詐欺與行為不端事件上，有著令人印象深刻的表現。

二〇一〇年，知名大空頭喬・卡尼斯（Jon Carnes）爆料一間在中國綜合能源公司（China Integrated Energy，CIE）口

中、正「盡全力」生產生質柴油的工廠，事實上已經停止運作了好幾個月；而中國綜合能源公司是畢馬威的客戶。渾水研究（Muddy Waters）則揭穿安永的客戶加漢林業的謊報行為。美國國際集團的大規模會計詐欺案，則是被美國證券交易委員會揭發（可能是在收到舉報後）。證交會同時也揭穿了泰科國際（Tyco）執行長與財務長串謀、浮報公司收益五億美元並盜用一億五千萬美元的醜聞；在舞弊最猖狂的時期，執行長丹尼斯‧柯茲勞斯基（Dennis Kozlowski）為妻子辦了一場兩百萬美元的生日派對，創作歌手吉米‧巴菲特（Jimmy Buffett）甚至親自到場演出。

某些備受矚目的反貪腐舉報者，事實上來自四大內部。舉例來說，盧森堡解密案的舉報人就是普華永道的員工。另一例則是一名安永合夥人在辭職後，公開指控安永協助掩飾杜拜一間煉金廠買賣「衝突黃金」（conflict gold）的行為。四大作為負責任與正直代言人的聲譽已岌岌可危，而這些正派人士認為，唯有切斷與四大之間的關係，才能貫徹自己的原則。

▌詐欺破壞者

早期多數從事審計工作的專業會計師們，都有強烈偵探般

的人格特質。舉例來說，不妨回想威廉・德勤如何發現十九世紀英國鐵路公司隱藏的詐欺行為。對調查記者馬克・史蒂文斯而言，一聽到普華這個名字，就會立刻聯想到黑色電影（Film noir）[40] 中的偵探社。亞歷山大・克拉克・史密斯（Alexander Clark Smith）則創作了一系列的小說，故事中的會計師如同「私家偵探動作英雄」，利用自己的會計知識一一揭露貪腐事件。在炎熱酷暑的日子裡，年輕的麥克・蓋格爾（Mick Gagel）來到俄亥俄州馬里恩（Marion）附近的一間倉庫，清點貨架上躺著的磚頭。他的任務是清查上百萬個磚頭的庫存，但他發現不管怎麼數，都少了十萬個磚頭。在數到第三次時，廠房的老闆開始調查庫存問題，才終於發現自己的副手經常趁著夜色跑到廠裡，把磚頭一車車地運走，這個故事也漸漸成為安達信的傳說。

反貪腐專家兼《富比士》（Forbes）雜誌固定專欄作家強納森・偉伯（Jonathan Webb）曾於二○一六年時寫道：「投資者、顧客、員工，甚至是供應商都希望（四大的）合夥人能展現誠信。當審計員的名字出現在帳目上時，所有人都會假設帳目『真實且公正』，亦即會計內容沒有任何造假。」

---

40 法國影評家尼諾・法蘭克（Nino Frank）於一九四六年受黑色小說一詞啟發而創造出來的用語。主要用於描述一九四〇至五〇年代初好萊塢所拍攝的影片，經常以昏暗的巷道為背景，反映犯罪與墮落。

在愛爾蘭聯合銀行紓困案後，安永聲稱一般的審計行為並無法查出類似如美化財務報告或異常放貸（如醜聞案的核心事件）等行為。如同呼應提出「看門者」說法的法官洛佩斯，許多四大的辯護律師也試圖解釋揭穿詐欺行為已超越典型企業審計的範疇。在 TBW 和殖民銀行案件中，普華永道的首席律師貝絲·塔尼斯（Beth Tanis）對《金融時報》表示：「如同專業審計原則明確指出的，即便是設計且執行合宜的審計，也有可能找不出弊端，尤其在出現共謀、偽造文檔和管理階層踰越控制等像是殖民銀行行為的情況下。」

就算審計員完美執行任務，你也不應期待審計員能查到所有弊案；但要說成他們因此一件也看不出來，那就太離譜了。財務報表為什麼背離了標準、或為什麼審計無法針對一間公司的表現與狀況給予最「真實且公正」的評斷，很顯然詐欺是最惡質的理由；而一連串的審計失敗也凸顯了這個論點。一方面來看，期望落差存在於財務報表使用者對審計員任務的期望，以及審計員實際願意承擔責任限度之間。有鑒於審計原則絕大部分由（尤其是四大的）審計員所編寫，因此，對這門專業而言，要將審計原則作為獨立標準、甚至依賴這些原則，似乎相當困難。

四大有時也會辯稱，你不能期待他們發現那些刻意被隱匿的詐欺，財務長刻意隱瞞瀆職行為就是一例。然而，調查者也

指出「發現被隱匿的詐欺」，正是揭穿詐欺的意思（對我們而言再明白不過）。從來沒有人說發現詐欺，指的是發現那些顯而易見、簡單拙劣或愚蠢的騙術。

韋斯‧凱利（Wes Kelly）負責普華永道為殖民銀行進行的審計。在一段呈現給負責審理其中一樁 TBW 與殖民銀行案件的邁阿密陪審團錄音檔案證詞中，凱利表示普華永道是根據審計原則來執行審計。而他本人也指出這些標準包含考量是否有詐欺行為的疑慮，但不包括找出或進行檢測。「我們在風險評估中考量了詐欺的可能性。但我們的審計程序並不是為了找出詐欺而設計的，因此這部分並非審計程序的標準要求。」

由美國註冊會計師協會附屬機構審計品質中心（Center for Audit Quality）所進行的一份研究發現，外部審計員認為找出詐欺行為是審計委員會與董事會的任務。但倘若期望由數十名或上百名成員組成的審計團隊能察覺詐欺是一件不合理的事，那麼期望通常由三名成員兼職組成的審計委員會去找出詐欺，又怎麼會合理？有鑒於普華永道認定審計委員會的關鍵角色是「針對審計員的表現、獨立性、客觀性以及審計品質提供有效監督」，我們應思考：如果審計委員必須為找出詐欺的事情負責，那麼此功能自然必須也落到審計員的身上，這樣才算合理。

四大中有些人則採取了更明理的角度。二〇〇七年，普華永道的全球聯盟主席丹尼斯・奈利（Dennis Nally）對《華爾街日報》表示，「審計這行一直肩負著找出詐欺案的責任。」儘管有許多關於期望落差和審計原則要求過低的異議，問責組織如監管機關和法院，已經做好讓公司為白領犯罪擔起責任的準備。舉例來看，二〇〇八年，英國聯合紀律計劃（Joint Disciplinary Scheme）因為畢馬威在獨立保險（Independent Insurance）破產案中「未能執行專業的審計」，而強迫事務所支付四十九萬五千英鎊的罰金和一百一十五萬英鎊的支出。英國聯合紀律計劃發現畢馬威在二〇〇年的審計中，「未能進一步檢驗獨立保險管理者所提供的可疑資訊」。

而關於詐欺的辯論也反映了四大內部的緊繃：一方面合夥人要企圖推銷鑑識（forensic）會計與提升整體銷售額，另一方面合夥人也身處審計第一線，深知對傳統審計團隊而言，找出詐欺行為有多麼費時耗財。無論是過去還是未來，關於審計範疇的爭論都是會計師事務所必爭的戰場。

談到減少審計範疇，四大所展現出來的動機既明顯又強烈。而在減少審計員因為事情出錯所需擔負的責任上，審計員的表現也是如此。世界各國與各州間，紛紛通過了明定審計員應負責任的法律。舉例來說，新南威爾斯州規定審計員所負的責任最高只能為審計費用的十倍。當法院明明有能力去決定和

判定職責時，這類公共政策誕生的理由特別令人質疑。除了審計員以外，我們完全無法想像有誰會因為責任上限的法條而受惠。這會不會是另一起四大與政府間關係過密的例子？

英國經濟事務委員會於二〇一一年表示，審計責任的約束或許對鼓勵小型事務所進入審計領域有幫助，且還能作為審計員舉報過度行為的保護：「以法律來規定審計員職責上限，能提供更多誘因讓四大以外的事務所來競爭大型公司審計業務，同時也能讓審計保證（audit assurance）延伸到財務報表之外。」然而，四大卻極有可能成為這個法律限制的最大受益者，從而引發「道德風險」問題：保護機制愈多，會計師願意冒的風險也愈高。

▌獨立、衝突與「自我審計」

在獨立性上的妥協，則是第三個導致審計失敗的潛在原因。早在一九六〇年代，提供有限服務的普華 MCS 團隊（針對管理架構、管理帳戶、行政體系、辦公室程序和機械化給予建議），就冒著傷害公司審計正直性的危險了──倘若普華負責審查自己協助客戶所建立的系統，他們可能就犯了「自我審計」的罪。這樣的行為違背了會計與企業管理那條神聖不可侵犯的原則，也導致利益衝突：在面對自己的諮商客戶時，審計

員可能會放水，還可能導致審計員無法客觀地投入工作。

隨著諮商服務的範圍開始擴大、公司開始無法拒絕諮商的生意，自我審計的風險也大幅增加，這也是近半個世紀以來最現實的問題。一九六五年倒閉的威斯戴克（Westec）、一九六九年倒閉的國家學生市場（National Student Marketing）與一九七〇年倒閉的賓州中央（Penn Central）和四季看護中心（Four Seasons Nursing Centers）讓大眾開始關注審計的獨立性，以及當會計師販賣諮商服務給自家的審計客戶時，審計品質是否會連帶受影響的問題。一九七六年，美國參議院公布的麥卡夫報告也明確點出這個結論：審計公司進行諮商服務「完全違背審計員應維持客觀獨立的責任，聯邦行為準則應該禁止。」

對此，艾塞克斯大學（University of Essex）榮譽退休的會計學教授普林・西卡也表示贊成：「大型會計師事務所內有一整層樓的人負責審計，而另一層樓的人卻負責指導客戶如何規避法規和監管、美化自己的財務報表。無論怎麼做，他們都賺得到錢。」

如同我們早已見到的，立法者和監管機關試著在審計原則與法律上增添獨立性規則，來解決審計和諮商間的衝突；而會計師事務所卻一再違反這些規則。舉例來說，二〇〇四年，美國證券交易委員會禁止安永承接上市公司審計工作六個月，因

他們在對軟體公司仁科股份有限公司（PeopleSoft Inc.）的審計中，違反了獨立原則（安永一邊審計仁科的財務，一邊向其他客戶推銷該公司的產品）。二〇一四年，美國證交所指控畢馬威在二〇〇七年與二〇一一年時，因為向審計客戶的子公司提供非審計服務（如會計和諮商服務），而違反審計獨立原則。另一則違反事項也被揭露：畢馬威員工握有審計客戶及其子公司的股票，從而侵害了自身作為審計員的獨立自主性。畢馬威以八百二十萬美元的代價取得和解。

用著那些有時聽起來只像是為了追求私利的論點，四大捍衛了自己在管理諮商與其他領域的多元化發展。而這些論點包括了員工發展、員工激勵、客戶服務和純粹的務實理由。畢馬威的全球總執行長麥克・安德魯（Michael Andrew）就有談過提供客戶一條龍服務的好處：「我們不僅可以協助你修補財務與稅務呈現，還可以協助你提升員工、程序、資訊技術——簡直無所不包。」辯護者也指出，不同的服務項目之間可以產生協同作用。在面對英國上議院針對審計員的角色與市場力量而展開的質詢中，獨立審計公司（Independent Audit Ltd）的強納森・海沃德（Jonathan Hayward）提出了證據。二〇一〇年海沃德對上議院委員會表示，「進行諮商工作能提升審計員的審計能力，審計員能因此更了解公司的運作、動機及管理壓力。」而了解業務的審計員所抱持的對立心態也會比較低，因而更有

可能「第一次就做對」。二〇一一年，特許公認會計師工會在後金融危機的調查中，表示「我們並不認為稅務諮商服務應被納入禁止事項清單。對多數公司而言，找另一間公司來進行稅務工作既花錢又沒必要，他們自然會感到不滿。」

在北岩銀行被英國政府收歸國有化後，英國下議院的財務委員會調查了會計師事務所賣給審計客戶的諮商服務。該委員會也問到，這樣的銷售行為是否應該禁止？而被四大主宰的審計實務董事會（Auditing Practices Board）自然樂於告訴你，答案為否：「在安隆事件後，我們就審計員利益衝突的問題進行商議，但並沒有全面禁止非審計服務的需求。」

四大內年輕員工的生活情況有點像是無產階級者，甚至就像狄更斯筆下的小人物那般痛苦。考量到新進員工經常需要無償加班，說他們的時薪比披薩外送員還要低，大概已經不是什麼驚人的事實。然而，當審計出包時，往往也是這些人被送往前線當砲灰。還記得在中心地產公司案中，成為主角的普華永道年輕員工嗎？還有那名在 TBW 與殖民銀行案中，不幸成為必須承擔「遠高於其薪資等級」責任的普華永道資淺員工？

就某個重要觀點來看，審計員的訓練和專業都在倒退。現在，許多審計的工作都交給那些大學剛畢業、尚未取得特許會計師或執業會計師資格的菜鳥來做；絕大部分的檢驗工作，都

是由那些缺乏實踐經驗的年輕男女執行。這與外科醫師或飛行員的狀況完全相反。在醫學或航空界，往往都是讓最有經驗、最有能力且備受信賴的執行者，來操控和監督他人。

這些公司的新商業焦點，改變了他們對新進員工能力的預期。除了從眾（conformity）與服從的日常壓力外，鉅細彌遺的績效系統更讓這些人的生活水深火熱。而這些商業動機也讓在四大工作的風險變得更高。被教導應重視彈性與妥協的員工們，「被灌輸應以客戶為優先的概念，忽視更廣大的社會利益。」在這樣的環境下，長工時加上緊急的截止日，讓員工只能偷工減料。許多研究者如巴努・拉赫胡納森（Bhanu Raghunathan）、卡洛琳・威列特（Caroline Willett）和麥克・佩吉（Michael Page）發現，當審計員處在極端的時間壓力下時，往往會採取許多不合規範的做法，包括草率結束審計報告和偽造工作文件。不合規範的捷徑是活下來的必備技能，已是職場文化的一部分。

▎搖搖欲墜的根基

審計是四大累積誠正、廉潔信譽的核心發動機。然而，審計的信譽價值如今搖搖欲墜。如同一連串審計失誤所展現的，審計無論在實務或觀念層次上都非常脆弱。無庸置疑曾為五大

之首的安達信，似乎將自己的根基立於單薄而纖細的事蹟與傳說之上。根基這麼不穩固，也難怪品牌價值會在一夜之間蒸發（然而，當某些勇敢的前員工於二〇一四年將一間公司重新命名為安達信稅務〔Andersen Tax〕時，該品牌名稱似乎又重拾了一點力量）[41]。

當前的公司又做了哪些努力，來維護審計的誠正與品牌價值呢？似乎沒怎麼費心。每當談到向內導向策略時，四大往往會展現出相同的盲點。關於自己該提供哪些服務、又該如何在市場上呈現自己的服務，四大做出了一連串飽受質疑的決定。他們資助某些新創公司，儘管那些公司的目標是讓四大審計員的服務更商品化、拉低他們工作價值且強化審計員當前所需面對的競爭（這點最不合理）。他們錯誤地評估風險代價。他們透過建議企業集團一邊出售業務單位並「堅守本業」，同時實施具侵略性多元化計劃，從中大賺一筆。

四大會出現這樣的盲點是理所當然的。他們並不是上市公司，自然不會以上市公司的方式接受審計。他們套用在別人身上的規則與框架，不需要用在自己身上。（這或許也解釋了為什麼某些由四大提出來的審計原則，與商業實際運作的方式脫

---

41 安達信稅務最早是在二〇〇二年以「WTAS」此一名字成立；並於二〇一四年更名為「安達信稅務」。該公司網站談論重新命名的意義：「如同WTAS，安達信稅務是一間獨立的全球稅務公司，且不提供任何足以損害其服務品質受信賴度或誠實性的審計業務。」

節。）四大擁有非同尋常的結構與文化。他們面對的是獨一無二的挑戰。

《沙賓法案》和 PCAOB 等監管措施或許能強化程序、確保審計品質。在安隆和世界通訊醜聞案爆發後，世人開始關注審計員將管理階層視為客戶的問題。但《沙賓法案》要求審計委員會必須為外部審計員的「任命、薪酬和監督直接負責」，而審計員也必須直接向審計委員會回報。現在，又進一步要求審計委員會必須全然獨立，且有聘用獨立律師和其他顧問的權力，以及建立處理會計和審計程序的能力。

然而最根本的問題在於這樣的改革能否實質促進對審計品質的關注。面對一個選用四大作為審計公司的審計委員會，你很難指責他們做錯了，道理就如「選擇 IBM 絕對不會讓你丟了飯碗」一樣。儘管某些學術研究指出當公司必須重編或重新簽發財務報表時，審計委員受到的衝擊最大，但我們無法確定這些後果是否嚴重到足以讓他們去嚴厲監督四大的審計員，以確保財務報表的品質。

此外，我們也無法確認這樣的後果總能引導出眾人期望的效果。倘若有徵兆顯示可能有重編財務報表的需求，擔心重編對公司聲譽造成影響的委員，或許會有想盡量避免此事發生的誘因（正如同審計員）。另一個問題，則與我們能期待審計委

員會做到什麼程度有關。倘若他們本身不是受訓練的審計員，他們又該如何評估審計員的表現？倘若他們受過訓練，他們就能有效地監督同儕嗎？他們是否會使用像是期望落差的藉口開脫？

　　無論就審計員本身、或就審計委員會能否有效監督審計員而言，其中確實有太多不足，而這也都反映在公開公司會計監督委員會針對審計公司表現所進行的定期檢查結果中。這些不足該如何克服？其中一個想法是讓股東能更直接地針對審計選擇與續用表示意見。當然，在許多審判中，讓股東投票同意審計委員會所選出來的審計員，已成為命令。在美國，平均九八％的股東會支持公司所選的審計員。但就當前的程序而言，這樣的做法很難被視為一種背書。

　　一方面來看，股東又有什麼道理反對審計員的挑選呢？他們根本無法接觸到足以讓他們作出判斷的詳盡審計表現資訊。唯一能檢視審計程序的產品就是審計意見。但審計意見普遍被認為既枯燥乏味又缺乏資訊量，因而無法當作不選擇某間審計公司的標準。或許股東可以閱讀公開公司會計監督委員會的調查報告，並依此作為反對雇用某些審計公司的理由。但假如他們真的這麼做，又會發生什麼事？難道審計委員會就不會提出另一家同為四大、表現也同樣淒慘的公司嗎？

另一個可能的參考標準則是審視重編的數據。審計員是如何做的？有多少比例的客戶需進行財務報表重編？但這樣的方法也同樣有問題：舉例來說，重編或許也意味著有一位勇敢的審計員願意挺身抵抗管理階層，強迫公司修正前一期的財務報表。將重編視為不能信任審計員的原因，可能會帶來負面影響，導致審計員情願睜一隻眼閉一隻眼，而不願意修正錯誤的財報。而這個情況下的結果自然無法讓人滿意，就算換審計公司，也只是改變可能令人不滿意的地方。

理論上，審計員有充分的動機建立誠實正直的信譽；實際上，這麼做的動機卻很薄弱。理論上為審計服務最大受益者的外部股東，沒有什麼根據能讓他們獲得四大之一比其他三間更好的意見。即便在後沙賓法案時代，審計委員會的權力更大，他們似乎也沒有太多的能力或動機對審計員施壓。因此，透過更好的審計表現來累積名聲，並不如我們所希望的那樣有利可圖。而這也反映在上述的討論上：審計失敗的本質平淡無奇。

▌傳統審計的七宗罪

在過去數十年間，對於傳統審計方式的批判累積了不少。批判者說，上市公司的審計經常沒有效果，有時甚至適得其反。舉例來說，傳統的審計方式或許會導致受審公司不願意冒

險或創新。身處資訊弱勢的審計員，則可能會過分關注沒那麼重要的事項（如輕微的違規行為），而不是將注意力放在更大的策略前景與關鍵問題上，像是受審計公司有沒有發揮潛力、是否能繼續維持清償能力等。審計或許會增加「繁文縟節」的程度，讓受審方採納沒有必要、或甚至會妨礙效率的行政體制和程序。

然而多數關於審計的批評還是圍繞在期望落差上，亦即對審計員可以、且應該達成目標的看法出現分歧。如同之前所討論到的，審計員希望能約束自己的職責以及世人對審計意見的依賴程度，以更好地管理自身風險並降低所需付出的努力。然而公司所有者、投資者和管理者卻高估審計意見的廣度與可信賴度，從而高估審計所能提供的保證。在這樣的情況下，審計反而有可能對企業決策制定帶來負面的影響。

另一派對審計的批評，則圍繞在審計員有可能隱瞞、淡化、粉飾太平或知情不報那些不利的結果，尤其當審計員並非獨立於受審方時。換而言之，審計員也有可能成為寵物犬，而不是看門狗。在多數的資本主義國家裡，受審方可以決定誰來當他們的審計員。[42] 而這可能會導致商業衝突：倘若某位審計員的意見總是過於刺耳，那麼他／她或許將無法參與下一次的

42　我們將在第 14 章討論到其他模式。

審計作業，且他／她的公司也很有可能因此丟了有利可圖的諮商工作。在最極端的情況下，審計員有可能成為審計方最順從的手下，如同愛爾蘭前政府官員奈德‧歐基福（Ned O'Keeffe）生動的描述：「（審計員）就是個笑話，浪費時間。他們只會拍公司管理階層的馬屁，因為企業管理在我們的社會中根本發揮不了作用。審計員一點都不獨立自主，卻能坐領高薪。」

四大的加盟方式也讓審計員噤聲的問題更加嚴重。特定的審計合約可能在當地是一筆龐大的收入，即便這筆收入對全球公司而言根本輕如鴻毛，不值一提。

許多批評則聚焦在大型會計師事務所的手段：派出資淺的員工，帶著博而不精的技巧與不合適的模板，測試小規模的交易與控制樣本，試圖減輕審計員自身的付出。一連串審計失誤最引人注目之處，在於許多失誤並不是基於商業衝突或企圖討好管理階層而發生，卻是因為很單純的態度問題：沒有測驗估價、沒有查證資產、不理解受審方的業務、缺乏評斷審計品質的情況──這不難理解，畢竟在審計員握有近乎壟斷的權力和資訊優勢下，僅有極少數的人能判斷審計員是否有努力工作（且這些人還常常不在乎）。

而最根本的批判則指出，在當代標準與法條的界定下，審計已淪為一種「安慰儀式」或「安撫儀式」：一種空洞、見利

忘義的行為，阻擋了民眾對更高等級的監督或透明度的呼求。
而唯一能從中獲得實際利益者，或許只有審計員本身。對四大
而言，二〇〇八年發生的金融危機還有另一個層面令他們戰戰
兢兢：市場似乎知道危機爆發前，審計意見根本毫無價值。在
投資者和存款者急著從市場脫身的日子裡，針對北岩銀行、貝
爾斯登或雷曼兄弟所發表的最新無保留審計意見早已無關緊
要。這些報告無法提供任何保證。舉例來說，北岩銀行帳目的
正面報告根本無法阻擋二〇〇七年八月和九月發生的擠兌事
件。

　　二十年前，會計學教授麥克・包爾提出了「審計社會」
（audit society）這個概念，作為審計業務突飛成長和儀式性本
質的框架。在審計遭受砲火攻擊最猛烈的時刻，也就是監管機
關、看門者及類審計服務大量暴增的時候，對審計員、檢查
員、審核員和估算員的需求也會暴增。在審計社會下，每個政
策瓶頸或商業危機，都能依靠審計、調查，或審核來解決。隨
便一個政府機關、職業團體或運動俱樂部都宣稱自己擁有調查
的能力與調查的權利。批評引發另一波批評，以極為折磨人的
方式無限循環。包爾認為這些現象不僅讓企業管理與策略付出
代價，最終連資本主義也沒能置身事外：「審計社會是一個投
注過多心力在儀式性查證、從而犧牲了其他類型組織資訊，導
致身陷險境的社會。」而四大自然是審計反射、「審計爆炸」

和審計社會興起的最大受益者。

　　寵物犬、投機取巧、創新殺手、吹毛求疵、拘文牽俗、老牛破車、紙上談兵……這些批判加在一起，就成為傳統審計的七宗罪。這些批判的結論十分嚴肅：審計既能帶來好處，也能產生害處，並可能束縛整個社會。端看審計對電腦與管理方面的新發展有多抗拒，就能明白當代的審計是一門極為古老的技術，制度更是根深柢固，但很快審計也將迎來最後期限。

　　好的系統總是內建創新與自我修正的功能，近期發生的審計醜聞和慘敗，凸顯了審計體制缺乏自我修正的機制。如今我們已然明白，即便無法帶來任何公共利益，審計作業仍會繼續下去。麥克·包爾對空洞審計行為的警告至今依舊受用。倘若審計真是個笑話，那麼我們所有人都是笑料。

第 **11** 章

準備起舞
──稅務服務上的利益衝突

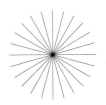

▍占便宜

守口如瓶是梅迪奇銀行成功的基石，與神職人員的往來，他們更是三緘其口。憑著他人的資助與機會主義，多數資深的教會成員累積了不少的財富投資（像是義大利境內與境外的豪華房地產）。教宗馬丁五世的友人樞機主教赫爾曼・德維格（Hermann Dwerg）儘管活在所謂「福音派推崇的貧窮精神」中，手頭上卻擁有四千佛羅林。根據作家兼銀行家克里斯・斯基納（Chris Skinner）的說法，在當時「三十五佛羅林等同於小型宅邸一年的租金」。每當新的教宗上任，神職人員就會面臨資產被任意課稅、甚至被無情的新上任者充公的危機。解決之道就是一個在教宗勢力範圍內可隨時取用、由梅迪奇銀行管理的祕密帳戶體制。樞機主教赫爾曼・德維格的四千佛羅林就存在梅迪奇銀行的帳戶裡。在二十世紀，祕密主義同樣也是大型會計師事務所得以成功的關鍵。

四大的稅務服務絕大部分是在一九〇一年至一九一〇年英國國王愛德華七世時期建立，二十世紀的頭十年，所得稅變得更為複雜繁重，合法納稅、節稅，變成一項不可或缺的服務。如《末日審判書》那般簡單的日子早已一去不復返，各家公司開始雇用會計師，好根據納稅的方式來將自己的帳目完美呈現；會計師因而獲得大筆財富。

在二十世紀之交，全球有上千個全國性企業、無數的國際與跨國企業，但卻僅有少數企業能做到真正的跨國。隨著跨國企業合併，一個嶄新且高獲利的生意出現了：協助公司遵守國際稅務義務，並幫助對方將整體稅務義務降到最低。關鍵知識就在於明白不同司法權底下的稅率，以及稅金根據哪些項目來徵收、怎麼收。

從此，我們進入了企業避稅與「移轉訂價」（transfer pricing）的世界。稅務專家協助跨國企業將收入轉移到稅率低的國家地區。他們協助設定各部門轉入、轉出和現金活動的有利價格。他們創造出帳面損失、利用債務與折舊所享有的稅務優惠。他們那些韌性十足、狡猾、自私自利的行為，讓人回想起英國鐵路狂熱時代那段最糟的時光。

移轉訂價的本質並不邪惡。跨國企業本來就必須設定價格，才能適當地計算發生在不同國家的交易獲利。這個做法也絕非什麼新鮮事，各式各樣的變化形式早在數百年前就出現了。舉例來說，梅迪奇銀行和荷蘭東印度公司會利用類似移轉訂價的形式，來轉移不同國家與商業部門間的金錢。但移轉訂價被大幅度地濫用，成了一個充滿爭議的手段。儘管如此，不管有沒有爭議，移轉訂價現已成為四大獲利最高的業務之一。

四大透過一連串小小的步驟和大大的成功，建立起當今的

稅務服務。一九六五年，史蒂芬‧澤夫描述「在經歷了三十年的爭論、以及和法律部門間漫長的斡旋後」，註冊會計師協會終於取得美國國會的許可，未來能在美國財政部前代表稅務客戶，達成了會計界重要的里程碑。一直到一九七五年，英國普華的稅務團隊還只是一個規模不大、只有十位合夥人的部門，團隊的工作多數只是完成例行公事，像是協助客戶計算、完成他們納稅的義務。從此根基之上，團隊成長一鳴驚人。二〇一五年，英國普華永道的總收益為二十八億一千萬英鎊，其中有七億一千四百萬英鎊來自稅務諮商業務。如今英國普華永道已成為避稅產業的龍頭，協助許多收入驚人的大型跨國企業僅需支付極少的稅金，如 Google 和 IKEA。

二〇一三年，英國國會公共帳目委員會（Committee of Public Accounts）針對大型會計師事務所在英國避稅的情況與所扮演的角色展開調查。委員會直接從四大聽取證詞，而四大也不情願地承認國際間的稅制已經過於複雜且過時，唯有改變才能跟上當代企業的腳步。委員會的報告最終出爐時，譴責之情溢於言表。某些跨國公司儘管在英國境內進行大筆業務活動，卻根本不需要繳企業稅。稅務局打的是一場毫無勝算的仗。

企業投入大量心力以確保稅務責任最小化。對諮商公司而

言，該如何利用國際稅法、以及不同國家架構下的稅法關聯，是一門極大的生意。四大雇用了近九千名員工，從全球的稅務業務中獲利兩百五十億美元，而光是英國就占二十億英鎊。然而稅務海關總署（Her Majesty's Revenue & Customs）的資源卻很少，單就移轉訂價這部分來看，四大工作的員工數量是稅務海關總署的四倍之多。

為了賺這筆錢，四大簡直無所不用其極——像是拖延案件或利用有利裁決來行使充滿爭議的投機行為。為收益受損煩惱的稅務海關總署，則考慮禁止使用避稅手段的公司獲得政府業務。當四大堅稱他們已不再像十年前那樣販售積極的避稅手段時，委員會提出質疑：

儘管情況可能真如四大所言，但我們認為他們不過改建議另一種能為客戶創造利益的避稅手段；像是他們專門推薦給大型企業客戶、通過利用國際最低稅率的方式來避稅的複雜營運模式。這四間事務所發展出一套區分稅務計劃與積極避稅手段的國際指南，然而這套原則並沒有阻止他們販售那些倘若鬧上法院也僅有五〇％勝率的避稅計劃。顯然稅務海關總署必須考量到納稅人經歷漫長法律戰的風險。看上去，儘管稅務海關總署依權執行限制，這些企業和避稅者卻正從中占盡便宜。

四大的稅務部門在英國總共雇用了數千名的員工，其中有將近兩百五十名為移轉訂價專家。相較之下，稅務海關總署只雇了六十五位。

▌旋轉門

議會委員會對於四大與政府間的密切關係特別有意見，因這層關係看似讓四大有機會「不正當地影響稅務體制，並從中獲利」。四大證實他們確實為稅務機關推薦專門的顧問，「針對稅法改革提供技術性建議」。而在這之後，這些顧問又為跨國機構效力，指導公司在面對這些稅法時，該如何把事務安排得妥妥貼貼。對委員會而言這是一個極為嚴重的問題：就像是「盜獵者成為獵場守衛者、又再次成為盜獵者。那些為政府提供建議的人回到自己的公司內部後，轉而替客戶出主意，教他們該如何在這些法律規範下支付最少的稅金。」這樣的臨時調任帶來的利益衝突昭然若揭。

舉例來說，畢馬威派員工協助政府制定「外國企業管理」和「專利優惠稅制（Patent box）」的規則，緊接著利用參與稅法制定為賣點，推銷稅務服務。他們還打廣告吹噓，畢馬威可以幫助公司減少稅金，並協助客戶在面對事務所協助草擬的新

稅務法下，準備一套「站得住腳的費用分攤」。

而同樣的旋轉門情形也出現在美國和歐洲大陸。普華永道的前員工、稅務專家喬治・曼諾索斯（George Manousos）在接下美國財政部的工作期間，協助設計了二〇〇四年的《美國國內創造就業法案》中的第一九九節（Section 199），也是「一條不起眼的企業稅務減免」；然而許多企業如內衣公司「維多利亞的祕密」（Victoria's Secret）都在使用這條規定。在曼諾索斯回到普華永道後，他成為合夥人，並建議客戶該如何善用 Section 199。一九九〇年代末期，陸克文（Kevin Rudd）在離開政府機關、開始從政以前，曾擔任畢馬威的中國顧問。陸克文後來成為澳洲總理——這也是另一則畢馬威與政府過從甚密的例子。

歐洲的批評者表示，這樣來回穿梭於政府與會計師事務所之間的行為，完全損害政府企圖管理企業的行為以及保護納稅大眾的努力。這些批評聲浪與英國委員會的調查結果，讓我們見到四大已經徹底遠離為社會大眾牟利的角色，並完美融入良好企業管理體制下的光景。確切而言，這樣的情況也反映了企業病灶的源頭之一——敵人就在門內。在這幅景象中，「詐欺的頭號敵人、誠實的推崇者」又在哪裡？

█ 一場騙局

四大的稅務專家捲入的麻煩數量，絕對不比四大審計員遇到的少。

歌手肯尼・羅根斯（Kenny Loggins）和威利・尼爾森（Willie Nelson）名列普華的四千名頂級客戶清單，兩人於一九七〇年代和一九八〇年代初期，將自己的財富轉移到由舊金山第一西方證券（First Western Securities）所營運的避險計劃中。以政府支持的證券為基礎，這個避稅計劃的設計能產生大量的稅務減免，帶來的利益甚至為計劃握有資金的數倍。當美國國家稅務局拒絕該計劃所期望的稅務減免時，部分客戶以違反職責的理由控告普華。在其中一樁案件中，法院宣讀了普華稅務專家湯瑪士・威爾什（Thomas Walsh）的筆記（此人曾在一九七九年為第一西方證券效力），無疑反映普華所犯的罪。舉例來說，他親筆寫下：「我認為交易的最大問題在於它們是否僅為帳面交易。」在另一份筆記中，他寫下第一西方證券的電腦工程師羅伯特・克萊莫（Robert Kramer）認為這個計劃就是「一場騙局」。

在一九九〇年代至二〇〇〇年代間，開拓重工（Caterpillar Inc.）以五千五百萬美元的代價，雇用普華永道建立將獲利從美國轉移至瑞士的稅務協議，據稱該協議在十年內能為開拓重

工省下超過二十四億美元的美國稅金。普華永道的合夥人湯瑪士‧奎恩（Thomas F. Quinn）協助設計這份協議。在細節曝光前，奎恩在寫給同事的郵件中，指導了這份協議該如何完成：他們「創造一個故事」並將開拓重工的美國管理部和位於瑞士的零件公司「拉開一定的距離」。「準備大展身手」。大難臨頭，他的同事還以嘲諷的語氣回覆，「管他的。事情在審計那邊曝光時我們全都退休了……嬰兒潮世代玩夠本了，讓年輕人接著去玩吧。」

二○○五年，美國司法部控告畢馬威推銷「濫用」和「具欺騙性的」避稅手段。畢馬威承認觸犯法律，協助富人躲掉二十五億美元的稅。他們為富裕的客戶提供像莎士比亞一樣難懂、充滿一堆簡寫的詞彙來避稅：像是 FLIP、BLIPS、TEMPEST 和 OTHELLO……畢馬威同意為罰鍰及和解協議支付四億五千六百萬美元，以換取和司法部及國稅局間的緩起訴協議。這是一份極具歷史意義的協議，防止四大縮減成三大。美國司法部長艾博托‧岡薩雷斯（Alberto Gonzales）了解失去畢馬威的代價，包括了體制性代價以及畢馬威其他部門無辜員工可能遭遇類安達信事件影響的下場——這絕對要避免。岡薩雷斯表示這份協議要求事務所「接受應負責任，修正犯罪行為，同時保護那些可能因定罪而受害的無辜員工等。」

只要畢馬威能遵守協議的條約，就不會面臨刑事起訴。事

務所不得不遵守對稅務服務方面的永久性約束，並同意協助相關單位追捕避稅手段的設計者與銷售者。被指控做出犯法行為的幾名合夥人，也因而被資遣；公司的六位前合夥人及董事會副主席面臨刑事起訴。同時，畢馬威也收緊了內部管理和風險管理，然而後續案件卻沒有因此停歇。

二〇一三年十一月，慈善機構「行動救援」（ActionAid）指控德勤建議大型企業透過印度洋小國模里西斯來躲避據稱高達上億美元的稅金。二〇一五年，加拿大稅務局（Canada Revenue Agency）指控畢馬威銷售逃稅手段：「畢馬威的稅務架構事實上就是一個企圖欺騙稅務人員的『騙局』。」提交給法院和議會的檔案顯示，四大對於自己的稅務最小化協議有可能犯法一事，完全知情。美國參議院調查報告描述一名畢馬威的資深稅務執行者如何「慫恿公司忽視國稅局對避稅地點註冊的規定」。他更近一步指出罰鍰金額「也不會比畢馬威每十萬美元就能收得一萬四千美元費用的受益來得高」。舉例來說，平均每份合約「能為畢馬威帶來三十六萬美元的費用收益，而罰金最高也不過三萬一千美元。」然而名譽的代價，可沒那麼容易用美元來計算。

▌攤在陽光下

在哈洛德・豪威特爵士於一九六六年所撰寫的英格蘭及威爾斯特許會計師公會歷史中，他回憶了一件發生在世紀之交、對審計造成莫大傷害的事件。受審的公司老闆本就是聲名狼籍的商人，後來也入監服刑。在公司的年度股東大會上，基於股東利益的考量，總會宣讀審計報告。在宣讀的環節即將開始時，「幾名行跡可疑的傢伙」就像是收到暗號般，開始「以極大聲的音量問著毫不相關的問題。審計報告繼續宣讀，但根本沒有人聽得見內容。」

隨著時間過去，這種戰術愈來愈少見。在二十一世紀裡，所有公司企業的營運情況都透明得像魚缸，審計報告、年報、公開說明書等所有的財務和商業檔案都會放到網路上。關於企業表現的分析文章不僅豐富，各大商業或主流媒體也都會在精挑細選後進行刊登。即便是少量的資訊也有人分享、評估和討論。而資訊外洩的事件，更愈來愈頻繁地發生。

新一波的透明化浪潮衝擊了全球各地曾經晦暗且神祕的角落。無論是孤兒院、軍艦、屠宰場、更衣室、溫柔鄉——還是稅務顧問的辦公室。在嶄新透明的環境下，未經授權的曝光已經不是利用高壓體制或契約，就可以使其邊緣化或變成罕見的事。而這已成為新的現實：公司攤在陽光下，所有的惡行都不

可能再被隱藏。

　　員工、老闆和股東有無數種嶄新而簡單的方式可以揭露公司的缺點以及自身反對的行為，而披露也開始形成一波新的倫理標準。二〇一七年美國中情局資訊外洩事件發生後，前中情局局長麥克・海登（Michael Hayden）就抱怨年輕一代的專家及他們對祕密的態度：「為了進行（監視）工作，我們必須從特定年齡族群中招募人手。我並不想一竿子打翻一船人，但千禧世代及相關族群者對忠誠、祕密及透明度的理解，跟我們這一代的人完全不一樣。在匿名者（Anonymous）與維基解密（Wikileaks）的時代，透明度已經成為社會常態。」

　　如同梅迪奇所握有的權力，四大在稅務方面所把握的力量也建立在謹慎與神祕之上，而新的透明化侵蝕了這份力量。許多針對避稅或稅金最小化的祕密稅務建議很有可能被攤在陽光下：來自提供建議公司內部的洩密；接受建議公司內部的洩密；執行者、監管機關或獨立駭客的洩密；稅務機關或其他政府機構所進行的正式調查；種種管道讓四大在處理稅務方面飽受爭議的行為，無所遁形。

　　在當今這個對公司行為、顧問指導方面有著更高監控度與透明性的社會底下，過去的移轉訂價和避稅方法已無立足之地。此刻，想建立一座避稅天堂簡直易如反掌。然而對打造避

稅天堂的人而言，此刻也是最危險的時刻。如同盧森堡解密案所示，任何一般商業服務的保密性已不如以往穩固。

二〇一三年，艾德華・史諾登（Edward Snowden）洩露美國國家安全局（National Security Agency）上千筆檔案的事件，讓四大看得膽戰心驚。史諾登在替國安局的外包商博斯艾倫漢密爾頓工作時，取得這些檔案。當洩密案爆發時，博斯的股價和聲譽立刻暴跌；四大內部上下一致的反應皆為「感謝上帝他沒在這裡工作」。二〇一七年，當維基解密公布了一系列美國中情局檔案時，承包商再一次成為眾矢之的。關於這位洩密者的身份及任職機構仍然有許多細節尚未查清。但擁有大批員工和承包商、積極為世界各地的軍隊與安全機構提供建議的四大，遇上史諾登洩密等級的事件，也是遲早的事。

而二〇一七年的天堂文件（Paradise Papers）、二〇一五年的巴拿馬文件（Panama Papers）和二〇一四年的盧森堡解密案，反映出在新透明化世界底下稅務建議的生存能力。在盧森堡解密第一波衝擊中，共有五百四十八份關於跨國公司稅務安排的內容被曝光。由於普華永道一手主導了這些安排，醜聞爆發後，普華永道也首當其衝受到波及。然而，在隨後曝光的一系列盧森堡檔案中，揭露了另外三大也同樣違反了稅務規定。

盧森堡這樣一個人口僅有六十萬的小小國家內，四大龐大

的稅務業務不容小覷。在盧森堡，光是四大僱用的員工加起來就有六千人，也就是平均每一百名盧森堡人之中就有一名四大人。二〇一三年六月，普華永道光是在盧森堡的年營業額就高達兩億七千六百萬歐元。

在巴拿馬文件出現之前，盧森堡解密為史上最龐大的企業稅務協議外洩事件。普華永道員工安東尼・戴圖爾（Antoine Deltour）和拉斐爾・海力特（Raphael Halet）提供了超過三萬頁的檔案給新聞記者，從而揭開盧森堡解密案的序幕。這些檔案顯示了許多公司如埃森哲、Burberry、聯邦快遞（FedEx）、亨氏、IKEA、百事和沙爾公司（Shire Pharmaceuticals）等企業在盧森堡所享有的慷慨稅務協議。總共有三百四十三家大型企業利用這個協議來節稅，或甚至是抵銷稅金支出。盧森堡樂於助人的稅務機關也為這些交易蓋章。其中許多公司都是四大的長期客戶，如寶僑和摩根大通。

英國廣播公司（BBC）時事節目《廣角鏡》（*Panorama*）、法國電視二台（France 2）和《私家偵探》（*Private Eye*）雜誌接獲爆料，並揭露了這些故事。事件爆發後，國際調查記者同盟（International Consortium of Investigative Journalists）展開調查，並於兩年後發布結果。普華永道被指控為客戶安排稅務協議，並對客戶的不當行為睜一隻眼閉一隻眼。在盧森堡法院內，案件中的吹哨者被控違反僱傭協議以及盧森堡的保密法

律。

二〇一六年，法院宣判戴圖爾及海力特有罪。兩人分別被判處十二個月及九個月刑期（儘管獲得緩刑）。普華永道及檢察官希望判處更重的刑罰，堅稱這兩名前員工根本不是吹哨者，只是小偷。上訴後，兩人被判處的刑期卻獲得減少，真正的罪惡更被確立。公共會計本與透明度息息相關。在盧森堡解密案中，普華永道這才發現自己站錯陣營。

▌ 出賣靈魂

即便沒有解密事件，各國的政府近來也密切合作，以解決移轉訂價的濫用情況。在經濟合作暨發展組織（OECD）的主導下，推動企業必須提供國別報告（country-by-country reporting）給所在地管轄權下的稅務機關。而這樣的報告必須包括收益、雇員、收入與繳交給所在地稅金金額的資訊。眾人認為這種（相對）單純的報告，能凸顯公司在哪裡雇用員工、擁有廠房和進行一般銷售，以及宣稱收入獲得來源地兩者間的差異（後者往往是基於稅金最小化而不是其他商業因素來決定）。然而，隨著許多國家將國別報告視為必備文件後，將國別報告公諸於世的呼聲也愈來愈高。

就短期而言，國別報告能讓四大獲得利益，因為企業們必須在短時間內滿足新報告體制的要求。但就長期來看，對透明度的更高要求或許會造成不利影響。利用積極的收入轉移方式來避稅，將很難通過跨國政府合作的考驗，特別是當避稅額度大到藏不住時。而在實現的過程中，有鑑於近來四大將誠信放在商業主義之後所造成的聲譽損傷，四大扮演關鍵角色的可能性將不會太高。

四大每年用避稅計劃讓政府與納稅人損失超過一兆美元的掠奪行為遭世人唾棄，他們卻仍樂此不疲地「從政府口袋裡掏錢」。在一篇刊登於《衛報》上的社論中，普林・西卡教授指出這些事務所「製造虛假交易、損失和不存在的資產，幫助客戶逃稅。」

面對這樣的批評，四大似乎處之泰然，不僅沒有收斂，反而大肆擴張稅務服務。舉例來說，普華永道於二〇一四年啟動了 Nifty R&D，一款為小型企業設計的線上退稅工具。在推出這項創新之前，普華永道總是避免為小型企業提供稅務方面的服務，因為獲得的利潤太低。

大型會計師事務所的現代史，是一段從專業價值轉移到商業價值的故事。而這種轉移在稅務諮商方面的展現更是赤裸。推銷避稅手段的高峰期，正巧與會計師事務所商業化高峰期重

疊。四大在稅務服務做出了埃德溫·華特豪斯想都想不到的事：用聲譽來換取金錢。在其中一個案例中，德勤被指控為客戶做出來的稅後損失會計建議罔顧公眾利益。然而德勤的品管聲稱，稅務顧問必須優先考量客戶的利益，而不是公眾的利益。稅務是四大出賣靈魂最為明顯的所在。

第 12 章

他們來，他們見，他們征服

——在中國的的挫敗

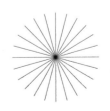

▌遭遇強力反彈

四大在中國市場上主宰了會計服務，每年都創造出數十億的收益。就像是反映了全球劇烈變化的強度般，某些中國最大的國營企業，也成了四大的客戶。然而，這令人驚嘆的成功卻沒有維持太久，每一次四大進入中國市場總會遇到強力反彈。而這樣的反對已經攀向高峰，更走進了法院。

即便像查核工作底稿（audit working papers）[43] 這種看似瑣碎的事物，都成為跨國法律與監管機關的戰場。近期，上海德勤發現自己身陷一場可怕的危機。德勤負責為中國一間財務軟體公司東南融通金融技術（Longtop Financial Technologies）做審計，當東南融通的會計詐欺被揭穿後，公司隨即倒閉。董事長向德勤承認「帳面上的虛假現金」來自「之前的虛假收益」，也暗示了他們違反複式簿記的限制、甚至造假。美國證券交易委員會要求德勤遞交此案的查核工作底稿，但德勤聲稱交出這些文件絕對會讓公司與個別員工「面臨巨大被（依中國法律）起訴的風險」。面對美國證券交易委員會的強制行動，德勤想盡辦法試圖解決爭議。

二〇一四年，在爆發法律衝突的兩年後，德勤和美國證券

43　在審計過程中形成的工作記錄和獲取的資料。

交易委員會聯合發起行動，駁回美國哥倫比亞特區地方法院的一起訴訟案。當中國證券監督管理委員會交出許多美國證券交易委員會試圖取得的文件後（據傳檔案頁數超過二十萬頁），死結終於解開。基於慎重、也或許是策略性考量，美國證券交易委員會表現出退讓，發表下述的聲明：

> 鑒於獲得豐富而關鍵的文件，近期中國證券監督管理委員會就東南融通事件所給予的協助，以及德勤未來將繼續配合中國證券監督管理委員會對東南融通相關文件方面要求的聲明，美國證券交易委員會認為，目前沒有採取司法救濟程序的必要。

然而，美國證券交易委員會卻也同時不排除任何可能性，以確保當遞交的檔案不足時，可以採取法律行動。美國證券交易委員會面臨的挑戰也不僅於此。在另一樁案件中，委員會的行政法官判定四大的中國加盟所停止在美國境內運作六個月，因四大尚未履行委員會對九家中國公司所提出的檔案遞交要求。而四大分別宣稱已提起上訴。

工作底稿之爭成為監管機關與監管機關間、監管機關與受管機關間的戰場。在香港，則有另一個監管機關投入了戰事。香港的市場與證券監管者將安永告上了法院，強制安永提供以中國為根基的公用事業標準水務（Standard Water）查核工作底

稿。證券及期貨事務監察委員會（Securities and Futures Commission，簡稱香港證監會）需要底稿，以判斷審計工作是否合乎規矩。然而安永不願服從，聲稱安永華明（安永在中國的加盟所）沒有這樣的文件。

審判中，安永聲稱根據中國法律，事務所不可交出手中所握有的工作底稿。但法院同意香港證監會的論點，亦即法律並沒有阻止其遞交文件。安永提起上訴，堅稱法院對安永華明所握有檔案的想法是錯誤的。而最後在遞交大量工作底稿給香港證監會後，安永於二○一五年終止上訴。香港證監會對要求的文件全部到手十分滿意，也藉機提醒全香港的事務所，根據《證券及期貨條例》（Securities and Futures Ordinance），事務所今後有義務滿足證監會提出遞交工作底稿的要求：

> 即使要求交出的文件／記錄乃由香港核數師的內地聯屬公司或代理代為持有因而需取得內地當局批准，上述責任仍然一樣。此外，核數師事務所有責任識別在內地持有的記錄及就該等記錄尋求批准。

根據香港證監會法規執行部董事施衛民（Mark Steward）的說法，「安永可以透過他們香港辦公室進行適當的調查，有必要時和內地有關當局合作，以確保內陸子公司所製作的檔案正當性，從而避免法律訴訟。」而根據下面的例子，我們完全

可以理解監管機關為什麼要對審計行為與工作底稿憂心忡忡。

▌ 雅佳案

公司：一九八二年，創辦人丁謂成立了雅佳控股這個電子企業集團，並於香港上市。在鼎盛時期，集團的年營業額超過四十億美元，擁有十萬名員工和大量主流品牌，如雅佳電子（Akai Electric）和勝家縫紉機（Singer Sewing Machines）。一九九九年年初，雅佳向股東表示，公司名下擁有價值二十三億美元的資產。而安永負責雅佳的審計工作。

小偷：二〇〇〇年七月，雅佳宣布公司全年虧損高達十億七千兩百萬美元，創下香港史上最高記錄。在《南華早報》（*South China Morning Post*）上，記者娜歐米·羅夫尼克（Naomi Rovnick）詳盡地描述藏在數字背後的醜事。根據她的說法，丁謂被控盜走公司超過八億美元的資產，並利用假銀行帳戶與投資來掩飾行徑。

銀行：雅佳的債主們（包括匯豐和渣打）共握有十一億美元的債權，並獲得法律許可，進行清算。

清算人：二〇〇一年九月，負責清算的保華顧問（Borrelli Walsh）抵達現場，卻發現「雅佳只擁有價值十六萬七千美元

的現金和資產，沒有員工，沒有財產，沒有商標，僅留下幾箱帳目和記錄。」而剩下的檔案「毫無用處」，主要與「過去的運輸記錄和進出口收據」有關。

真實檔案：清算人要求安永拿出雅佳的查核工作底稿。安永持續拒絕，直到二〇〇三年，清算方取得法院命令，強制安永交出檔案。但即便到了此刻，安永還是沒有全數交出文件。因此清算方再次訴諸法律。關姓法官嚴厲批判安永的態度：安永「過度誇大找出遺失檔案所需的時間和精力。」「應該比任何人都清楚自己的檔案。這麼大的組織連一個適當、方便檢索檔案的系統都沒有，實在令人難以置信。」

訴訟案：清算方基於雅佳的審計及倒閉案，對安永提起十億美元的審計疏失訴訟。

審計：清算人透過律師指控安永在執行雅佳的審計時，有多處疏於查證的情況。於一九九一年至一九九九年擔任安永獨立核閱合夥人的孫德基，在公司倒閉的前三年裡，總計僅到訪雅佳七個小時。羅夫尼克描述了安永被控未使用適當審計程序的來龍去脈：清算人宣稱審計員「並沒有收到絕大多數公司審計員應該提交的檔案與記錄，如審計計劃文件或詳細的審計計劃，更沒有檢驗雅佳現金餘額或分類帳的書面程序。」據稱安永也未能尋求獨立證據，以證明雅佳的銀行帳戶和投資為真。

更糟糕的是，清算人指控安永偽造、竄改相關審計文件，並在疏失訴訟案中拿出這些假造的「證據」。

逮捕：香港商業罪案調查科（Commercial Crime Bureau）突襲了安永辦公室，並逮捕了負責執行雅佳審計的合夥人艾德蒙‧鄧（Edmund Dang）。鄧姓男子在沒有被起訴的情況下交保獲釋。

協議：二〇〇九年，在法庭上態度強硬的安永接受協議，卻不承擔責任。根據羅夫尼克的說法，安永不得不「動用全球的保險金棺材本」來付這筆具稱高達兩億美元的和解金。

雅佳一案的結局相當詭異。支付和解金後，安永緊接著在另一椿涉及香港客戶的過失案中，取得和解。泰興光學集團（Moulin Global Eyecare）於二〇〇六年倒閉，並背負價值二十七億港幣的債務。泰興的清算人費瑞爾‧哈欽森向安永求償兩億五千萬至三億港幣。

泰興這個規模與班尼頓（Benetton）、Nikon 不相上下的品牌，自稱公司每年產製超過一千五百萬副鏡架。然而，據傳泰興在收益數字及公司規模上，都有灌水的嫌疑。羅夫尼克指出，哈欽森告訴債權人「泰興口中的四大客戶之一，實際上不過是一間位於內布拉斯加、僅有八千人小鎮麥庫克（McCook）的中國餐館。」二〇〇五年七月，香港商業犯罪調查科突襲了

泰興的辦公室。而這僅是泰興案與雅佳案眾多雷同之處的一小部分。雅佳案確實對安永造成了重大影響。羅夫尼克總結：「雅佳案後，安永不希望再為了前客戶詐欺行為的審計過失案進行公開辯論。」在另一樁民事訴訟案中，泰興的債權人控告二〇〇二年以前（即安永接手前）負責審計業務的畢馬威，並求償四億七千一百萬港幣。

▌中國會計發展

在近期這些工作底稿之爭底下，埋藏著四大在中國最根本的問題：在中央集權的國家資本主義體制下，外部、分散、專業審查模式究竟是否可行？在一個治理方式及國家與商業界線定義都非常不同的環境下，傳統的專業服務是否能繼續存活？倘若答案為否，那麼四大面臨的危機將無庸贅言。

在中國，四大同樣與監管機關糾纏不清。在某幾種可能的場景下，不難想見進軍中國會讓四大面臨哪些迫在眉睫的危機。而每一場危機，都有可能讓四大失去控制自己的員工、產品、原則的權力，甚至最重要的「品牌」恐怕也難一手掌握。為了理解這場危機，我們必須審視四大在中國發展各個階段的歷史。在這個過程中，我們借鑒自己的分析與經驗，並參考倫敦政治經濟學院（London School of Economics）榮譽退休教授

理查‧麥克威（Richard Macve）、劍橋賈吉商學院（Judge Business School）彼得‧威廉姆森（Peter J. Williamson）的研究，以及保羅‧吉利斯（Paul Gillis）的研究（吉利斯在普華永道任職二十八年，多數時間待在中國，後來為了研究中國部分的發展史而提前退休）。

中國商人與會計師早在文藝復興時期就接觸到了複式簿記的技巧，但一直到十九世紀末以前，中國大體上還是維持使用收據和支出體系。一九〇五年蔡錫勇出版的《連環帳譜》以及一九〇七年謝霖和孟森合著的《銀行簿記學》，是企圖協調傳統中國簿記和複式簿記的重要嘗試。一九一六年，中國銀行正式採用複式簿記。

四大在中國的早期發展史，令人回想起四大在美國的發展史。主流英國企業在中國創立辦公室的目的，主要是為了服務在此營運的英國公司。二十世紀初，商業化的香港和上海為中國會計界主要的培育地。一九〇二年，香港最早的會計師事務所羅兵咸（Lowe & Bingham）開始營業，並於一九〇六年來到上海，最終成為普華永道在中國的加盟所。哈士欽與賽爾斯則於一九一七年來到上海。

獲得執照的中國會計師會稱自己為「會計大師」（accounting master），這個詞從英語的「特許會計師」

（chartered accountant）翻譯而來，而這個稱呼也惹來了各式各樣的麻煩。根據保羅‧吉利斯的描述，一九二五年四月，英國大使曾寫信給中國外交部「抗議對『特許會計師』一詞的使用令人相當混淆且不恰當，因為英國的特許會計師必須通過嚴格的標準才能取得資格。」

中國則拒絕讓英國會計師在中國自稱會計師，因中國會計師同樣也需要通過嚴格的標準才能取得。「此外，」中方表示，「就算他們改用『註冊會計師』這個名稱，也會收到美國的抱怨。」

▎中國的本質

一九四九年爆發的共產黨革命對西方的會計師事務所而言是一大挫敗。到了一九六二年，中國經濟已經完全國有化，且在接下來的十八年，會計師這行在中國消聲匿跡。

但隨著一九八〇年代中國開始對外開放，國外企業紛紛被中國龐大的商機所誘惑。儘管當時會計界的八大不允許在中國進行審計業務，他們還是設立了辦公室，給予在新開放經濟體制下從事商業行為的外資企業建議。而多數業務都是在北京飯店或建國飯店內狹小的客房中發生，八大甚至無法直接雇用員

工。中國的政府機關如外國企業人力資源服務公司等，會負責提供並管理當地的員工。

而在一九九七年以前屬於英國殖民地的香港，局面則不太一樣。藉由公司在英國的勢力，這些大型事務所（尤其是普華和畢馬威）主宰了會計界：在一九八八年的香港，前四大會計師事務所的市場占有率高達八七％（在世界其他角落都還是八大割據）。

到了一九九二年，這些事務所贏得了在中國內地進行審計的權利。儘管他們被迫與國家企業組成合資公司，但這些大型事務所仍迅速地在海外投資與首次公開募股的市場中，取得了主導的地位。本土會計師稱這次國際事務所的入侵為「紳士們的文化入侵」，和這些事務所打交道，就像是「與狼共舞」。

許多年來，這些事務所在中國的營運主要都是依賴人脈廣闊的「喬王」，以及應付監管機關的取巧策略。海外合夥人並非中國特許會計師，故不受中國監管，但他們也因此無法負責審計報告。如此一來，找一位中國合夥人為沒有執照的合夥人的工作成果背書，不失為一權宜之計（儘管顯然不夠理想）。

再度在中國穩穩地紮下根基的四大，必須為自己取一個中文名字。根據保羅・吉利斯的說法，普華永道的中文發音為「根據 P、W 發音的最佳選擇」。「普」、「華」這兩個字的結

合，也能創造出正面的定義：可以被解釋為「中國的根本」。同樣地，安永和畢馬威也紛紛選定了中文翻譯。

在中國加入世界貿易組織後（WTO），四大終於能和國營合資的企業夥伴分道揚鑣。吉利斯提到，這樣的決定為四大開啟新的契機並點燃他們的野心。很快地，他們成長為超過四千名員工的大型企業，並「開始談著在不遠的將來，四大在中國的加盟所可與美國匹敵，成為全球網絡中最龐大的勢力」。最初將重心放在協助中國境內外資企業的會計師事務所，也很快地將收入重心轉移到中國企業身上。

中國明白對市場經濟而言，西方的會計方法是必要手段。一九九〇年代，中國財政部和世界銀行（World Bank）讓德勤與普華永道協助中國建立會計準則，並讓教育和監管機關的框架能與國際標準接軌。到了二〇〇六年，中國廣泛採用了國際財務報告準則（International Financial Reporting Standards）。

中國快速發展的工業化與商業化，導致會計師供不應求。二〇〇八年，德勤的中國加盟所提到中國還需要三十五萬名特許會計師，儘管這個數字比當時美國超過六十萬名的註冊會計師還少，但遠高於中國註冊會計師協會的十三萬名成員。在中國，國有化企業的數量比會計師還多。

這波人才不足的後果則是公然挖角。安永的中國負責人胡

定旭承認，「我們別無選擇，只能用更高的薪水挖角其他中國會計師事務所的資深會計師。」經濟情況和人口分布也惡化了員工的品質。在中國經濟發展突飛猛進的期間，受過財金訓練的員工非常稀少；而他們在業界和其他地方有大把的出頭機會，因此人員的流動率居高不下。

污名

現在，四大在中國與香港的運作都以個別公司的形式來經營，但各自的歷史仍繼續留存。多年來，這份專業關係一直深受香港人與大陸人、華人與英國後代間的文化偏見所衝擊。英國出生的香港合夥人經常被貶為「FILTH」（污垢），亦即「敗北倫敦退據香港者」（Failed in London, Try Hong Kong）。保羅‧吉利斯將中國描述為四大內部亡命之徒的藏身處：「對那些先前沒能把握好機會的人而言，中國或許是他們留在公司的最後一線生機。一名合夥人注意到，中國加盟所內往往充斥著被排斥或被拋棄的角色。」

而這樣的偏見無所不在：

有些西方合夥人會把中國的海歸員工稱作香港傭兵，他們為了高薪而來，且對公司的發展漠不關心。本地員工經常

抱怨這些歸國的中國人不過是來爭奪自己的利益，尤其是海外歸國的香港人。

在中國，某些非中國籍的四大合夥人就像是諷刺漫畫裡的英國人，如同那個為自己取了印度名字的英國殖民官「坦格利納」上校那樣。當普華宣布和永道合併時，擔任永道中國區主席的英國籍約翰・斯圖塔德爵士（Sir John Stuttard）正開著自己那台一九三四年的勞斯萊斯穿越西藏，參加一場從北京到巴黎的拉力賽。

如同東南融通案所呈現的，中國對非中國監管機關清楚表明了立場。根據中國證券監督管理委員會的說法，「外國監管機關在中國領土上出手」是「對中國主權的侵犯」。而對外國監管機關的禁令，也包括禁止美國公開發行公司會計監督委員會到中國審查有在美國註冊的審計員。

在二〇〇九年一封針對美國證券交易委員會檢查規範提議的回函中，中國證券監督管理委員會清楚表明中國的態度：

我們的立場維持不變，亦即跨境審查必須依循尊重彼此主權與平等合作的原則……為了因應地主國管轄區域內上市公司所導致的跨境審查挑戰，美國證券交易委員會和中國證監督管理委員會應在現有的監管機關合作框架下，以平等的立場來合作。因此，中國會計師事務所的監督應全權

交由中國證券監督管理委員會來負責⋯⋯我們強烈反對在中美達成共識之前，就讓美國公開發行公司會計監督委員會來審查任何一家中國會計師事務所。

▌ 獨霸一方

有些中國的地方部門選擇公開與四大為敵。迎擊外國企業入侵的方法之一，就是在市場上直接面對面。創造出中國四大（或一大、十大）這個的想法，深深誘惑著中國的會計監管機關。在一九九○年代，中國註冊會計師協會為中國會計專業範疇的主要監管機關，會長丁平准深信，中國必須培植一家規模大到足以和外國「巨頭」匹敵的本土企業，丁平准稱之「一大」（Big One）。普華和永道的合併，讓丁平准有機會實現自己的計劃。吉利斯這麼描述：

> 該公司將透過四間公司的合併來實現：張陳會計師事務所（Zhang & Chen CPAs，音譯）、由張克管理的中信永道合資公司、和永道有著開放式合作關係的廣州立信會計師事務所，以及普華在上海與上海財經大學合作的普華大華（PW Da Hua，音譯）。丁平准認為這場合併能創造出一間由中國人來領導的企業。「我們期望這『一大』能不受外國人任意左右。」

藉由這個合併，丁平准預見中國企業將能「團結起來，獨霸一方，和國外『巨頭』一爭高下。」而這個提案早有不少先例，中國政府曾在各個產業領域像是汽車製造業、電子業和重型機械製造業等，資助數間本地企業的合併。然而丁平准的計劃，卻遭遇了海內外的強力阻撓。他被擊敗了，他在自己的回憶錄中提及此事時仍深感遺憾：「就這樣，當時中國最著名的會計師事務所被普華永道吞併了。在他們的文化入侵下，我們的夢想因此幻滅。」

於是，丁平准與同事們轉而投入到另一項更有野心的策略中。這次派出來和四大相抗衡的，不是一家、而是十家中國企業。二○○七年，中國註冊會計師協會在〈關於推動會計師事務所做大做強的意見〉這份文件中，提出一套新的策略：「用五至十年的時間，發展培育十家左右能夠服務於中國企業『走出去』戰略、提供跨國經營綜合服務的國際化事務所。」倘若大型、由中國人掌管的會計師事務所能為中國的大型、跨海上市國家企業服務，「國家經濟資訊的安全」就能受更好的保護。而關於「中國十大」的建議，最終被中國最高行政機關國務院所採納。在中國註冊會計師協會的成功，以及四大的重大挫敗下，這樣的建議也成為正式的政府政策。

而蒐集了數年中國大型會計師事務所收益數字的保羅．吉利斯認為，這個新政策確實造成影響。儘管截至二○一五年的

數據顯示，普華永道為仍為中國市場龍頭，但吉利斯認為過不了多久，普華永道就會落到瑞華後頭。而德勤、安永和畢馬威則已經掉到了四、五、六名（第三為現今全球第五大會計師事務所 BDO 國際），市占率連年下滑。[44]

因此，我們可以發現在中美不斷升溫的軍備與貿易緊繃氛圍中，「乏味」的審計監管也成為競爭的一環。在這個對立與「中國十大」這樣的政策下，四大眼前的危機不言而喻。儘管四大在香港擁有穩固的發展歷史以及一九八〇年代一路奮鬥過來的地位，即將成為世界第一大經濟體、許多產業眼中充滿無限可能的中國，很有可能成為四大第一次失足之地。

44　有趣的是，即將成為市場龍頭的瑞華是國富浩華的成員，而其香港成員於二〇一七年七月被美國公開發行公司會計監督委員會下令禁止審計美國交易公司三年。

PART

4

迎來暮年

我們可以從四大的挑戰與危機中學到不少。在 PART4，我們將利用這些教訓來探索四大的未來，以及檢視在新舊壓力的夾擊下，四大極有可能被迫面臨的關鍵轉變。這些壓力包括了科技的變革、監管機關的出擊以及具破壞性的競爭，也極有可能影響四大的人事、所有權、結構，連結，服務和方法。方法學上的衝擊已在基礎層面上顯現，並重塑了諮商、審計和稅務服務的基本技術。

在最後一個章節，我們將重回文藝復興時代的佛羅倫斯以及梅迪奇銀行的歷史，看看一個跨國、多元、以巨大網絡來維持運作的組織，最終是如何走向沒落。

第 13 章

被現實打劫

——會計成為創新熱門領域

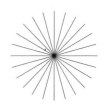

▎最壞的時代？

在中國經濟重新開放後，政府機關和國營企業狼吞虎嚥地吞下許多專利和智慧財產權，從微波爐到稀土元素、電信及太陽能，幾乎無所不包。而會計與審計領域也被視為蒐集智慧財產權的潛在領域之一。根據保羅·吉利斯的說法，中國官員最初將四大與當地企業合資的行為，視為一種將技術轉移到中國的手段，直到官員們花了時間與外國企業相處後，才突然得到驚人的體悟：會計所依賴的專利技術少之又少，且許多方法根本唾手可得。會計所倚賴的核心方法，長期以來一直是人人皆可學的知識；從四大身上沒有太多的技術可以挖掘。

當然，這並不表示審計和會計不需要任何技術，或從未發生任何創新。事實上，現在的會計成了創新的熱門領域，而四大也為這些創新帶來了深遠的影響。會計產業的複雜樣貌，更是以各種方式快速地改變著。

四大的前身都見證過大規模的經濟變革。當鐵路取代運河和馬匹，成為貨物的主要運輸管道時，他們在場。當汽車取代馬與馬車時，他們也在。當電動車誓言取代汽油車時，同樣如此。現在，許多四大的主要領域和客戶正在經歷劇烈的數位衝擊，Uber 和 Airbnb 帶來的影響就是一例。會計師事務所也因為這些衝擊而直接獲利，像是廉價航空與線上零售商的合併，

旅行、住宿、金融服務與不動產的創新模式，以及實現公用事業、教育及醫療服務的新管道。然而，如今局勢逆轉，會計和四大成為被衝撞的那一方。

阿格戴斯（Accodex）是一間成立不久的會計師事務所，他們利用會計界出現的各種新趨勢（包括商業模式創新和新的資訊科技發展）來「普及商業智能服務」。有賴雲端科技和馬尼拉的後援辦公室，阿格戴斯在二○一五年的澳洲會計獎（Australian Accounting Awards）中，榮獲「澳洲最佳創新企業獎」。這樣的會計新創公司如雨後春筍般出現，全球即便沒有上千家也有上百家，不少四大的合夥人與員工也在其中。如今新興會計師事務所的數量，就跟薩繆爾·普里斯身處的全盛時期那樣繁多。

修馬林·奈朵（Shomalin Naidoo）為澳洲畢馬威推出了「畢馬威線上市場」（KPMG Marketplace）這個線上平台，將手邊有空的員工和需要短期協助的客戶進行配對。目標在於提升畢馬威員工的產能利用率，並協助緩和工作流程中差距顯著的高峰與低谷期。在線上市場頁面中，客戶能以折扣價取得服務。而在這個網站準備開放時，奈朵跳槽去了普華永道，負責「任務中心」（Task Central）的啟動，該平台的目標為：

• 藉由挑戰諮商企業推銷服務、與客戶互動並贏得客戶的

方式，掀起專業服務產業的變革。

- 我們的解決方案是一個讓公司可以針對服務與價格進行比較的簡單平台，無論你想找的服務提供者是全球最強的企業、還是當地的專業服務公司。

- 公司可在網站上張貼短期計劃或臨時任務，並在二十四小時內收到來自各大專業服務企業的報價或提案。

就某種程度而言，「任務中心」的發想概念來自「零工經濟」、交易型勞力雇傭企業，如 Freelancer.com、WorkMarket、設計眾（DesignCrowd）和任務兔（Task Rabbit）等。WorkMarket 稱使用自家平台的客戶能節省三〇％至五〇％的人力開銷，且品質和獲利還能繼續成長。這種平台讓服務的定價更透明、更換服務提供者也更容易，從而對四大的商業模式造成了根本性的威脅。

這些新來的競爭者將注意力放到勞動力與服務提供者的配置上。就本質來看，他們創造並改善了「市場配對」。而某些新的競爭者，則帶來了更深層的衝擊，扭轉了會計服務提供的方式，甚至服務的本質。

▌科技衝擊

以技術為號召的審計方式，就是在審計工作中運用多種新科技，如人工智能、機器學習和「大數據」。「審計機器人」可以讀取公司數據。演算法則可以搜尋異常情況，像是行政部門信用卡的異常使用、違反授權的行為模式、灌水的經常費或在奇怪時點加入的會計項目。數位分析程式所需的人力比傳統審計來得少，不但可以內建在商業系統內（如採購、人資、法令遵循與報告等），還可以針對財務資訊進行即時的分析與呈報。在挑出詐欺行為方面，這個程式遠比傳統審計更有效。

在科技掛帥的審計年代裡，幾乎每一種電腦演算任務都忽然變得很實用。舉例來說，大數據能針對公司交易進行詳盡的分析，根本不需要抽樣。過去，審計人員在執行任務時，確實只能從客戶所進行的上百萬筆交易中，挑出一小部分進行核查。作為現代審計核心特質的樣本篩選，因應實務層面而生。然而，過去的不可能，如今已成為可能。解決監督商業複雜性的新方法，不是派更多的審計員去現場，而是設置可以「追蹤金流」的系統與產品，並針對企業績效與誠信建構出完整的樣貌。這類的技術徹底顛覆了審計服務。

然而，以科技為根基的審計方式，卻不一定適合四大的運作模式。在這個領域中，還有其他更出色的組織。軟體公司能

開發分析程式。系統整合商與小型專家供應商能提供分析的服務。會計產業的商機正朝著更靈活、勞力較不密集的企業身上移動。

同樣地，在諮商方面，四大也面臨了科技衝擊與新競爭。四大曾經因為搶員工、爭客戶與奪資本而陷入激烈的競爭，但這次他們面對的是史無前例的創意市場之爭。這個市場已經過份擁擠。進入市場的成本並不高，甚至持續降低中。四大的新競爭者來自四面八方，從大專院校、非營利型智庫、政府機關（如公務員敘用委員會和審計部等）、一流的策略企業如麥肯錫、貝恩和波士頓諮詢公司，到低成本、高靈活度的小型競爭者，像是部落客、自由工作者、線上代理、眾包（crowdsourcers）和個體商（許多人為四大的前員工）。如同大衛‧梅斯特和共同作者所指出的，「專業服務供應者試圖自欺欺人的最糟模式，就是假裝自己販售的是一種流通數量有限、且獨一無二的專業知識。」

凱格（Kaggle）就是新入行的典型例子。二〇一〇年，澳洲經濟學家安東尼‧葛博倫（Anthony Goldbloom）創立了數據科學平台凱格，公司與研究者可以在這個平台上發表數據，全世界的統計學家和分析師可以同台競爭，看誰創造出來的演算法或模型才是最棒的。該平台明確地使用了眾包、機器學習、雲端技術和大數據等創新。有將近八十萬名「凱格人」角逐各

公司所提供的獎金，如臉書、通用電器（General Electric）和默克集團（Merck）等。二〇一七年，凱格被 Google 買下。

類似的平台還有 SIGKDD（預測建模競賽『KDDC 盃』的主辦方）；CrowdANALYTIX、HackerRank、Clopinet、DrivenData、TunedIT、TopCoder、Analytics Vidhya 和中文網站天池大數據眾智平台。維基戰略（Wikistrat）則通過小型與中型的商業網絡來眾包分析。這些新進者改變了分析與提供解決方案的模式。網路創造了新的創意市場，並分散了諮商服務供應的集中情形。諮商正以一種不可逆的趨勢，變成一種商品。

在四大的未來，數位衝擊將無所不在，離岸外包、群眾外包和遠程交付亦是如此。四大也將面臨專精特定業務、微型企業和一人公司的競爭；更遑論標準化、商品化、自動化、失人性化（depersonalisation）、去中介化、例行化、自我競爭與弱化（stupidification）。

對四大而言，會計服務的商品化是一個極可怕的前景，然而還有更多的服務，未來也將面臨商品化衝擊。問卷設計、資料蒐集、資料救援、利害關係人識別、知識管理、項目管理、企業服務系統（如開收據、報帳和一般分類帳等）、投資邏輯策劃、資產估價服務、資本成本計算、計劃評估、商業計劃——林林總總的項目在大量、廉價或遠程交付的模式面前，全

都不堪一擊。

我們很容易就能想像四大的核心商品被電腦程式、一套演算、一本書、一個網站或訂閱服務、或甚至是那些遠在地球另一端且收費便宜的人力所取代。審計的設計最初就是為了解決距離和營運能見度方面的問題；審計員就像是雇主、老闆或創辦人獨立的眼和耳。而在這個透明且緊密相連的新世界裡，有太多的新方法可以用來克服能見度與距離的障礙。這也是為什麼審計就如同諮商服務一樣，禁不起衝擊。

▌人人監督

倘若審計主要與責任歸屬有關，那麼各組織該如何更全面且有效地評估每一個決策和表現的責任？一系列的創新以前所未見的方式回答了這個問題。新的開放式系統不僅結合了新科技與新道德披露及透明度標準，更分散了問責機制的集中化。

公共機關和非營利機構採用了開放式的系統與帳目，讓人人都能接觸到決策與表現的資訊，更讓人人都能監督。社區組織和社會運動者開始擔任公民審計的角色，也就是外部人員透過綜合公開與外洩的資訊，來分析公司的表現。（在印度，公民審計已有悠久的歷史）。網路和遠程通訊則讓這種審計更為

簡單。其他非審計問責機制，則包括了強化告密者及獨立調查者獲得回報、以提升誘因的公益代位（qui tam）[45]法。如我們所見，在揭發詐欺與不法行為方面，檢舉者和私人單位確實表現得極為出色。

與審計機器人相比，可替代傳統審計的新興方案更具社會性與大眾性，而不僅是單純的數位化。對四大而言，強化對檢舉者的保護以及提升獎金獵人的動機，就像氪星石[46]一樣讓他們瞬間失去原有的超能力。儘管這些保護與動機對傳統審計模式所造成的衝擊，與數位分析所造成的威脅不太一樣，卻招招凌厲、重則致命。

這些開放、去集中化的系統，看起來沒那麼容易受「審計七宗罪」所影響。資訊較不易受事後的美化所汙染。[47]將審查的權利放在真正在乎的人手中（如客戶或投資者），可幫助審計克服當前過於空洞、流於形式的狀態，並將重心放在真正重要的事物上。

---

45 所謂「公益代位訴訟」，是指個人或團體，依法得以政府名義，為公益與自己的利益，對所有非依法或依契約而造成國庫損害者為被告，代位提起民事告發訴訟。此一制度的特點，在於要求不法行為人負擔民事罰金與政府損害的二至三倍賠償責任，以彌補國庫損失，而告發人於勝訴或經和解後，亦可取得政府受償金一定比率（約十五％至三十％）的報酬分配權利。

46 虛構的礦石，來自超人的家鄉星球，能使超人失去超能力。

47 然而，開放式系統也會導致不正當行為。舉例來說，人們可能會避免寫明不利資訊（類似如事前的美化）。

▌ 創新的頭號公敵

　　世界企業、全球企業、全球總部、國際總部，四大用各式各樣的詞彙來講同一件事：一個全球商業實體，由某國企業所擁有與成立，表面的目標為刺激並培養通用的標準與常規、鼓勵更傑出的表現，以及支持一套能應用在全球的策略。在全球辦公室工作一段時間，是野心勃勃的年輕人最理想的獎勵，也是資深員工最理想的「善終」地點（尤其是對那些來自美國和英國大企業的人而言）。就行銷手段而言，全球辦公室一詞也非常有價值。當大公司企圖和其他小公司競爭時，可動用全球資源與跨國「傑出人員」的能力，此舉不僅能讓公司就像自帶光環般地耀眼，還能讓當前或潛在的客戶受到一定程度的蠱惑。

　　然而，有一股強大的力量讓全球辦公室變得又小又脆弱。這些辦公室與國內企業有著特定的權力關係。各國成員企業可以針對各國情況，自行分配獲利，並獨立作主，決定合夥人的升遷。每一位成員都握有獨立的資本準備金和保留盈餘。所謂的「總部」並不是真正的總部，只不過是共同擁有位在各國的加盟所。各國加盟所往往會盡力降低管理成本，減少上頭對行為的約束。由於合夥人無論是在客戶收費的標準、表現評估或利潤的分配上，往往會偏袒自己所屬的單位；而基於相同原

因，當本地就有合適的員工與資源時，各國成員也鮮少會選擇外國人或海外資源。而這種合作網絡內的權力，也常常會明顯地朝著大型的國家樞紐傾斜。

基於種種原因，這些力量導致全球企業成為一個資金不足、軟弱且有點有名無實的實體。總部的人員總是如履薄冰，盡力不要招惹到合作網路內部、或外部的人。來自「全球卓越中心」的報告往往通情達理、無傷大雅，甚至到有點荒謬的程度；總部往往避免掀起糾紛，對所有議題（創新、稅務、私有化、銀行、製造、外包、退休金制度、人口老化）都持保守態度。而勢力龐大的加盟所，在個別案件上也可自行決定是否要跟「中央」合作。艾德加・瓊斯曾這麼描述一九九五年的普華：「儘管各地成員公司內的資深合夥人對於全球企業的光環感到著迷，但他們本人卻經常不願遵守總部指揮。」當各國加盟所出現糾紛時，「總部」往往無力平息紛爭。

儘管在四大網絡內部，各國事務所的糾紛很少引起大眾的矚目，但這樣的情況確實存在，網內並非總是和樂融融。長年的資源衝突包括了跨國項目的資金，如品牌與專業發展；新辦公室的成立；跨國業務費用收益的分攤。一名前普華合夥人稱香港事務所在全球網絡中「人人喊打，因為你很難跟他們協商共同客戶的費用安排，且香港事務所總是不願意為全球計劃做貢獻。」麥克・巴瑞特（Michael Barrett）、大衛・庫珀（David

J. Cooper）和卡林・賈曼（Karim Jamal）研究了四大位於小型城市的事務所、以及大型城市如紐約和倫敦事務所間的關係。平均而言，獲利很高且較有創新精神的小型事務所，對大型事務所的地位總是抱持不滿；小事務所對於成為網絡下的一員所須支付的成本，以及必須贊助總部的費用，更經常感到不悅。小型事務所稱這種貢獻為「浪費」。

獨立營運的特許經銷公司搭配力量薄弱的總部，這種網絡其實相當奇怪且本質上並不穩定。企業在治理與風險管理上的去中心化，是四大內部個人行為差異如此巨大的一大原因，也成為經常爆發醜聞的導火線。特許經銷方式不僅損害了企業的風險管理，在重要智慧財產與資訊科技商業化項目的發展與資金援助上，也極為不利。舉例來說，總部的人無法以企業所有者的態度為地域性合作夥伴募資。然而，這正是一間企業在面對競爭衝擊時必須進行的事。

四大並不直接參與股權資本市場。外人很難買下他們，也很難將其賣出。會計師事務所的結合通常涉及合夥人的增加，並謹慎地將合夥人的責任與權力常規化。基於這個方式，專業服務的合併和常見的企業結盟不同，更像是個人行為、如同俱樂部間的合併，而阻止與反對的方式也同樣如此。

事務所間的某些合併案之所以遭遇否決，往往也受合夥人

制度的限制。取得各管轄區與多個辦公室的同意，已相當不簡單，而協商各辦公室該如何平攤損益，更是難上加難。也因為這樣的障礙，讓四大很難在創新方面獲得足夠的資金。

需採納集體意見且構築在槓桿與合夥人軌道上的制度，讓四大很難迅速地進行重組或調整定位。與許多企業和多數新創公司相比，合夥人架構下的自由度較低，因而無法做出快速升遷、高薪挖角、支付一次性獎金或分配大量股權等行為，更遑論冒險。

每位企業家都會同意新創公司需要在對的時間點、以對的條件獲得相對應的資金。但光靠合夥人的留存收益和貢獻資金，很難在合適的風險偏好及合適的價格時機點上，獲得合適而充足的資金。歐盟的審計指令限制外部所有權的比率必須低於四九％，且審計公司的管理階層多數須為受歐盟認證的審計員。二○一一年，英國的經濟事務委員會（economic Affairs Committee）為四大想出一套新的所有權規定，「好讓公司可以更輕易地募集資金，以進軍大型企業審計這塊市場」。該委員會指出，取得專業服務合夥人資格的成本「遠比外部投資所有權模式來得高」。

除了充分的資金外，一個營養健全的子公司在營運上，還需要取得內部的同意與充分的自由。但四大的模式卻極容易導

致保守主義的出現，或拖延決策制定的時程——某些重大策略性抉擇必須在各國辦公室唇槍舌戰的砲火中拍板，且還必須注意到決策對各團隊與其客戶的影響。而四大那寶貴的品牌名聲，也導致了高度風險規避。為了保護名聲，四大不能任意嘗試。

在過去二十年裡，四大內部風險部門的勢力不斷成長擴大。這些部門本質上往往比其他部門更趨於規避風險，然而企業家精神需要適當劑量的冒險進取精神。即便外部監管機關同意四大針對基本商業模式進行測試，四大內部同意的許可卻被嚴格把關。與那些嶄新、不受約束、資金充裕的「會計有限公司」相比，四大根本不在狀況內。

一般而言，要成為某個專業服務的合夥人，並不需要太多資金。絕大多數的價值存在人事與客戶關係之上，而不是有形資產。除此之外，合夥人資本不太具流動性，往往被留在事務所內，只能透過吸引和發展新合夥關係來獲得。處於不同事業階段的合夥人，對於創新方面的投資也會有不同的動機或誘因。舉例來說，屆臨退休的年長合夥人或許會反對一項需要時間才會看到成果的投資。然而多數時候，處在領導位置上的正是這些資深合夥人。（例如二〇〇九年，普華永道的中國加盟所修改了合夥人協議，減少新進合夥人的投票權。）然而，創新需要領導。

倘若極為不可能的事發生，比方說四大其一成功顛覆舊有的專業服務模式，各國事務所間將出現前所未見的衝突。在面對一個據稱能藉由減少冗員和不必要結構部門來改變會計服務的嶄新、內部變革，這些公司受到的刺激將比握有電動車專利的傳統汽車工廠的反應還要糟。為什麼更糟？因為典型的汽車製造商是由一組所有權人加一套企業規則所組成的企業。相反地，在四大的網絡下，各國事務所的動機截然不同。如果某一國的事務所推出一套能改變全球會計服務的方法，意味著他們可能違背既有的許可協議，而這麼做勢必會在經銷網絡內製造出贏家與輸家。

同樣的問題也會更廣泛地反映在四大身上。如果其中一名成員奇蹟似地推動了一項具變革性的創新壯舉，其他成員將會被拋在後頭。且倘若根本性的改變必須透過專利性（proprietary）的創新才可能達成時，不可能所有的事務所都能在同一時刻、以同一種方式成功。

█ 四大主義下的障礙

除了資金與組織架構，還有一個重大障礙阻擋了四大的創新：文化。彼得・杜拉克發現大型組織總是傾向壓抑創新，並

鼓勵順從。在四大的身上，這個現象尤其明顯。大型會計師事務所長久以來總是褒揚服從、順服、刻苦耐勞和融入。這些事務所充斥著大量畢業於中等大專院校的中等人才，他們崇拜那些成功但極為謙虛的人。如同馬克·史蒂文斯所指出的，「你不用有什麼豐功偉業才能成為合夥人。你只需要有能力、具奉獻精神且懂得苦幹實幹。大企業內部的僵化風氣、對服從的強調，嚇退了那些聰明伶俐、極富創意、特立獨行的鬼才。」

然而，在當前的衝擊下，唯有這些鬼才能帶領會計業界向前走。儘管會計業界努力從廣告、智庫和五花八門的領域內挖取人才，四大當前最主流的文化風氣仍舊是服從與中庸。儘管員工往往來自大不相同的背景，對橫向聘用的過時偏見卻依然存在，專業服務模式與合夥人制度內在的僵化性也難以動搖。

會計界勢必將經歷一場創新革命，但基於上述的種種原因，這股力量極不可能來自四大本身。當創新遭遇根深柢固的妨礙，許多重要員工在深思熟慮後選擇離開四大、好實現創舉，並從外部來顛覆僵化的合夥人制度、審計規範，以及專業服務的商業模式。

這引導我們得到另一個嚴肅的結論：在某種程度上，四大就像是會計變革的推動者，只不過推動的方式是透過離職的員工和叛逃的團隊在外頭站穩腳步，並企圖從這波衝擊中獲利。

會計業界的活力如今已不受四大控制，而這股力量正朝著對四大不利的勢態奔去。

第 **14** 章

生死攸關
——會計業如何適應嶄新未來？

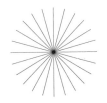

▌殘局

　　疼痛難忍的痛風糾纏著梅迪奇這個大家族。其中又以「虛弱、臥病在床且脾氣火爆」的皮耶羅‧德‧梅迪奇受害最深。如同父親，皮耶羅也是一位收藏家，他喜歡蒐集寶石、金幣、掛毯、珠寶雕刻、銀器、珠寶首飾、武器，樂器和書籍。痛風讓他不良於行，因此他總是被抬進自己那間半圓拱形、由雕塑家盧卡‧德拉‧羅比亞（Luca della Robbia）精心佈置的研究室兼圖書館。[48]

　　皮耶羅的圖書館就像是他的避難所，但父親的過世，將他捲入危機之中。儘管他身體孱弱、對銀行與商業的知識又相當有限，皮耶羅還是接受了自己的新身份，並下定決心絕不辜負父親和祖父的成就與名聲。當時的佛羅倫斯危機四伏，為了通過一個又一個陷阱，皮耶羅接受了許多人的建議，像是曾擔任柯西莫顧問的政治家迪奧提薩威‧內羅尼（Diotisalvi Neroni）。剛上任的幾個月間，皮耶羅就做出了一連串錯誤的舉動。

48　皮耶羅的藏書依照顏色編碼的分類法來裝訂歸檔：歷史書為紅色，修辭學為綠色等。在皮耶羅那個時代，印刷術非常新潮；古騰堡雖早在一四五〇年代就發明了印刷術，但印刷術尚未普及。皮耶羅的藏書大多為手稿，根據其他權威版本一筆一畫、細心手寫複製而來，所費不貲。皮耶羅委託製造的書都有華美的裝飾邊，也為之後一世紀佛羅倫斯手稿書的裝飾設下標準。

根據尼可洛·馬基維利（Niccolò Machiavelli）的《佛羅倫斯史》（*History of Florence*），內羅尼建議皮耶羅將銀行拖了很久且固定不變的債務收回。皮耶羅似乎未多考慮哪些貸款較難、哪些較容易回收，也沒想清楚哪些貸款屬於商業性、哪些是政治性的，就照著建議去做。無論在佛羅倫斯還是在海外，柯西莫向來以可替代性貸款來累積自己的朋友和影響力，而皮耶羅的新政策造成的後果不難想像：他才一開口要求對方還債，抱怨的聲音就從四面八方排山倒海而來。借款者稱梅迪奇家族的新領袖貪得無厭又忘恩負義，好幾位佛羅倫斯商人因此破產。忿忿不平的群眾開始密謀對抗皮耶羅和他的規矩。

在緊接而來的混亂當中，內羅尼驟然倒戈，參與了一場馬基維利稱「足以奪走皮耶羅信譽和威望」的陰謀。參與這場陰謀的人還包括了盧卡·彼堤（Luca Pitti）、艾尼奧洛·阿伽瓦利（Agnolo Acciaiuoli）、尼可拉·索德里尼（Niccolò Soderini），以及皮耶羅的親堂弟皮耶赫法蘭契斯可·德·梅迪奇（Pierfrancesco de Medici）。但在喬凡尼二世·班迪瓦里奧（Giovanni II Bentivoglio）的通風報信下，皮耶羅躲過了這場陰謀，沒有丟失僅存的微薄權力。第二場陰謀也被皮耶羅再次逃過。但在一四六九年，他敗給了自己的痛風與肺病。在領導銀行短短的五年後，皮耶羅和自己的兄弟喬凡尼一同葬在聖羅倫佐教堂（Church of San Lorenzo）。多納太羅才華洋溢的弟

子安德烈亞‧德‧維洛契奧（Andrea del Verrocchio）為皮耶羅打造了墳墓，以爵床葉飾（acanthus leaves）妝點斑岩石棺。梅迪奇家族龐大的財富在幾乎完好無缺的狀態下，以極高的風險傳給了皮耶羅的長子羅倫佐‧德‧梅迪奇（Lorenzo de Medici），即後來的「偉大的羅倫佐」。

如今，「痛風者」皮耶羅與父親或兒子相比，鮮少被後人提起；但他的地位卻格外重要，因為他是梅迪奇銀行由盛轉衰的轉捩點。儘管他「保持進展」，卻沒能保住銀行賴以維生的人脈網絡。在皮耶羅任內，衰敗的種子已悄悄埋下。

長得比父親和祖父更醜的羅倫佐，在弱冠之年便接下了家族事業。尼爾‧弗格森再一次以黑幫為比喻，描述梅迪奇家族的崛起：這個家族起初不過是個小型的犯罪集團，最後卻「超越」了電影《教父》中最龐大的黑手黨家族柯里昂一家。事實也確實如此，直到這個家族開始分崩離析。

羅倫佐與先祖一樣，是藝術圈最大的支持者，也是一位狂熱的收藏家。他購藏罕見的古董，並繼續擴充父親的金銀珠寶、雕飾、手稿以及盔甲收藏。但這些寶貴的盔甲在災難來臨之際，卻沒發揮半點作用。

佛羅倫斯人經營的銀行佩魯奇、巴爾迪和阿伽瓦利，在經歷了兩次滅絕事件，也就是被揮霍成性的英格蘭國王愛德華三

世（Edward III of England）和拿坡里國王羅伯特（Robert of Naples）倒債，宣告破產。這些銀行的倒閉，影響了梅迪奇銀行的行事方法與架構。梅迪奇商業網的運作模式，最初就是為了保護其他分部不被單一分部倒閉波及而設計，以確保錯誤決策與壞債的擴散，絕不會殃及其他分行和身為最高層的總部。然而，就現實來看，這樣的網絡架構卻沒能防止梅迪奇銀行破產，甚至加速了倒閉的腳步。

理論上，銀行各分部不需要為其他分部的債務負責。但在巨額損失的面前，這樣的保護網就失效了。一四五五年至一四八五年的玫瑰戰爭時期，銀行借了大筆金錢給英格蘭國王愛德華四世（Edward IV of England）。當愛德華和先祖一樣無力償還債務時，梅迪奇銀行的倫敦分部就倒閉了。英國的債務轉由布魯日的分行承擔，於是布魯日分行硬生生多了七萬枚金佛羅林的赤字。很快地，這間分行也因此破產。羅倫佐派出利卡索里去解散布魯日分行，並審計分行的帳目。羅倫佐還酸溜溜地諷道：「還好托瑪索・波提納利（Tommaso Portinari）有妥善管理布魯日分行，為我們留下了大筆的利潤。」

梅迪奇銀行結構下所留存的預備金，只夠支付小規模的債務或損失，像是羊毛織品因包裝不良而導致的損耗。而面對巨額的債務，梅迪奇分行間的防火牆根本抵擋不住，更防不了銀行惜如性命的名譽毀損。瘟疫就這樣一路蔓延回佛羅倫斯。面

對這場財務災難，羅倫佐想盡辦法挖東牆補西牆，從家族金庫、國家債務到用來付嫁妝的慈善基金，全都在梅迪奇最後的日子裡被掏出來應急。

世人總將焦點放在梅迪奇家族的成功，梅迪奇卻漸漸淡忘了自身事業的核心。多元化使銀行面臨了不同的競爭壓力，以及不同的總體經濟風險。梅迪奇不再只是教會的銀行，他們成為商品貿易商、進口商、製造商、採礦者，還提供保險。這些行為帶來了新風險以及對資金的新需求，銀行內部也需培養員工的新能力。將觸角伸到各個領域，代表合適的管理者更難找到；就算找到了，對管理者的監督與獎勵該怎麼拿捏也絕非易事。而擔負著種種新風險的銀行自身，當然也需要適當的回報，但為風險定價極其困難。於是銀行惹了一身根本無力清償的義務，也是在所難免。

多元化的梅迪奇銀行在公司章程中，聲明目標為「在上帝與命運的幫助下」處理外匯和商品。然而，上帝和命運卻拋棄了他們。梅迪奇銀行的壓力一個接著一個浮上檯面。明礬的事業不如合夥人所想的那樣有利可圖，且壟斷的效果並不顯著。對手供應商偷偷從中東進口明礬，打破了壟斷。而在銀行業務方面，新的放貸與外匯做法出現，擾亂了銀行的營運模式。同時，國際性的經濟不景氣與地方戰事導致國際貿易衰退。對義大利的織品業而言，英國精緻的羊毛不可或缺，因此貿易的衰

退，導致了梅迪奇紡織廠原料匱乏。

羅倫佐個人的行為進一步加劇了銀行的頹敗。作為商人、管理者和商業策略家的羅倫佐，事實上與「偉大」一詞差了十萬八千里。他違背了喬凡尼的臨終遺言，沒有花心思在家族事業上，反而投身政治。然而，梅迪奇家族之所以能獲得政治影響力及財富，全都是靠本業。此外，羅倫佐還崇尚貴族般氣派的生活方式，除了賦詩自娛，還養了一名「豐腴圓潤的情婦」。

在羅倫佐的治理下，還有許多昏庸的舉措埋下了不少禍根。他放任銀行內部的管理與控制萎縮，導致了一連串難以察覺又一發不可收拾的詐欺與醜聞。舉例來說，法蘭契斯柯‧薩席蒂（Francesco Sassetti）沒能察覺里昂分行的重大詐欺行為──「直到為時已晚」。里昂分行經理里奧奈托‧德‧羅西（Lionetto de Rossi）過分低估分行的壞帳、又想掩飾失誤，於是他從其他銀行借錢並詐稱是豐厚的利潤。就現實層面來看，里昂分行完全沒有獲利，已經破產。

羅倫佐不僅將銀行監管職務交給了完全不適任的人，監督方面也完全鬆懈；對於手下管理者該怎麼做才能成功、又該為哪些失誤負責，也一竅不通。安傑洛‧塔尼試著防止布魯日分行倒閉，要求羅倫佐駁回薩席蒂的要求，並嚴格管制倫敦分部的放貸行為，羅倫佐只回覆說他「不諳此事」。長期擔任布魯

日分部經理、卻能力嚴重不足的波提納利偷偷從事商業貿易，導致整個分行破產。羅倫佐承認自己缺乏相關的知識，也不理解其中的行徑，這解釋了他為什麼會同意波提納利的「災難性計劃」。

一四九二年，年僅四十三歲的「偉大的羅倫佐」因痛風發作，孱弱到無法拜訪情婦，接著病逝。銀行處在破產邊緣，面臨各種官司圍剿之際，領導權落到了羅倫佐的長子皮耶羅二世（Piero di Lorenzo de Medici）身上，而皮耶羅二世也很快地獲得「昏庸的皮耶羅」之稱。

皮耶羅二世既不具備領導銀行的經驗，也沒有任何天賦。他將自己的重責大任交給祕書和舅公，而兩人的無能領導加速了銀行的倒閉。而只有在地緣政治事件爆發時，傾頹才得以暫緩。一四九四年，也是帕西奧利發表《算術摘要》的那一年，法蘭西國王查理八世（Charles VIII of France）入侵義大利。這時的梅迪奇家族無論是力量或財富，都無法掌控佛羅倫斯。梅迪奇銀行的帳目被查封，資產也被發配給債權人，所有的合夥關係也戛然而止。

總總因素的加總導致了梅迪奇最終的下場。想要成為製造商、保險商、奴隸商、收費者和商品貿易商的梅迪奇家族，遺忘了對核心本業「銀行」的重視。長久以來總是依賴著嚴謹記

帳手法的梅迪奇家族，轉而放任會計與控管的墮落。錯誤評估重大風險、管理上的不適任以及忽視重要人脈，讓梅迪奇銀行落入四面楚歌的境地。

此刻，多角化經營的四大也同樣面臨了生死攸關的威脅。四大當前每一個重要的服務範疇都碰到新的挑戰、新的監管制度和新技術的壓力。而每一個範疇也都籠罩著災難性失誤隨時可能出現的陰影。二〇一一年，麥克・包爾教授警告英國上議院經濟事務委員會，應留心足以影響一或多家四大的「驚天事件」發生。「我認為，特許經銷價值出現重大損失是有可能發生的」他這麼警告。英國和各國的監管機關，也已著手為任一家四大的消失做準備。

四大的特許加盟模式，與梅迪奇最初在法律上分開獨立的地理性合夥關係極為相似。對四大而言，這種模式能有效限制責任上限，並防堵法律訴訟等災禍的蔓延。四大就跟梅迪奇一樣，將加盟機制視作萬能的法寶，讓他們能在情況適當的時候，稱各國的同伴為單一國際集團下的一員；又能在需要的時候，打散這個上下一體的概念，如同近期德勤在上海的舉動、或安永在香港的行為那般。但也正如梅迪奇的啟示，這個保護機制並不完美。四大因備受矚目的企業倒閉案而被起訴、審計失誤、稅務醜聞等，其品牌價值已受到了實質的傷害。而很大一部分的損傷甚至波及到其他地區或不同的服務領域。安達信

的倒閉讓我們明白，要防堵名譽損傷對跨國會計師事務所的影響，簡直難若登天，更不用說監管機關反應所造成的後續影響。分散的合夥模式並沒有防禦滅絕事件如TBW、雅佳或美國國家稅務局起訴的能力。

理解四大品牌的本質，是理解災害擴散可能途徑重要的一步。每一間四大都擁有一套品牌階級。有所謂的服務類型品牌，如普華永道稅務（PwC Tax）；有所謂的各國營業品牌，如各國的有限責任合夥（limited liability partnership）制度；也有全球品牌。接著，還有巨型品牌概念，如「四大」。「四大」這個品牌儘管不是由單一企業直接或明確擁有，但在會計市場上，這個聯合品牌就跟任何一間四大的品牌名聲同等重要。在會計界的階級層次中，金字塔的頂層就是四大，接下來才是其他。就災難的後果能如何在事務所間蔓延開來，四大這個聯合品牌的角色至關重要。在現代資本主義的生態系統下，四大是單一有機體的一部分，因此只能同生共死。

後四大的世界會是什麼模樣？而我們又是如何走到那一步？結構、所有權、管理、服務、技術與監管機關……有太廣的層面，能迫使四大在不同的情境或以不同的方式，邁向終局。而這些層面包括了會計市場的架構方式、大型會計師事務所僅存的數量、所有權的架構（合夥制度還是股份有限公司等）、運作與管理的手段、服務的項目、審計工作指派的源

頭、員工等等，以及當前客戶對尋找會計審計服務的替代資源上有多大的興趣。更確切地說，我們又該如何在監管機關的行動、客戶的背叛、災難性倒閉等事件之下，迎向未來？而某些極為可能的未來，與當前現況天差地遠。

▌四大的未來

世界各地的監管機關、學者和社會運動者，都興致盎然地等著目睹四大如何失去壟斷的勢力，以及競爭愈來愈劇烈的會計服務市場未來可能會以什麼結構組成。某些作家認為立法者和監管機關應該阻止普華和永道的合併。有些人更甚至主張應該將四大打散。

歐盟執行委員會的《審計政策》（*Audit Policy: Lessons from the Crisis*）綠皮書認為四大當前的規模可能全面威脅資本主義的經濟，應該要縮小或重組。英國的經濟事務委員會也直接向四大呼籲，「身為一專業實體」，請「優先考量公眾利益」，並自發性地將自己打散成新的六大、或甚至八大：「對社會而言，將壟斷權交由特定事務所或特權者的對價條件，就是對方需優先為大眾服務。我們或許會為四大設下一個有時限且明確的最後通牒。」

身為稅務專家的喬治・羅茲瓦尼（George Rozvany）曾在安永、普華永道及安達信就職。二〇一六年，他指出如今變得所向無敵且無孔不入的四大，或許「種下了自己的禍根」：在監管機關反壟斷的行為下，政府部門別無選擇，只能像終結電信、能源和金融服務部門的壟斷情形般，想盡辦法拆散四大。

在加盟模式底下，四大的加盟成員早就各自擁有極為零散的服務範疇；每間加盟都是更小型商業行為的集合體，有著不同的文化、提供不同的服務，並收取不同的費用。因此，原則上將四大拆散是可行的方案。但這樣的打散，無論是拆成六大、八大或更多，將會帶來極深遠的影響。而影響最深的，莫過於四大最珍貴的資產——品牌的毀滅。

中國政府採取的策略傾向鼓勵競爭，並透過打造本土會計師事務所的方式，在中國與海外與四大較量。在西方，要求政府介入、並讓會計專業（尤其是審計）有更多競爭者加入的呼聲，也愈來愈高。舉例來說，英國的經濟事務委員會考慮根據公有的英國審計委員會和英國國家審計署，打造一間新的大型會計師事務所。然而在一九九〇年代，當澳洲維多利亞州嘗試將公有審計機關私有化時卻引發高度爭議，後來導致州政府的敗選。

未來四大極有可能面對所有權與結構上的重大改變。作為

合夥關係的替代方案，會計師事務所可以朝大型公司的模式邁進。或者，他們也可以採取其他公司模式，例如營運網較鬆散的小型、聯營企業，如諮商公司的國際聯盟機構 Cordence。

公司化必須歷經困難，從合夥人所有制轉移到股東所有制。以成員為基礎的保險業所進行的「股份化」（demutualisation），或許能作為公司轉型的先例。在新的公司實體下，合夥人可以成為握有股份的董事，而外部的投資者則同樣有機會參與四大的所有權。這樣的轉變勢必會牽涉到困難重重的跨國與內部成員協商，對於新總部的地理位置、規模與扮演角色的無盡討論，以及針對拋下事務所最初根源與事業一事，向監管機關及客戶進行艱鉅的溝通。但回報或許會很可觀，研究者推測，在首次公開募股中，四大的價格有可能超過一千五百億美元——而且是個別。

據傳來自中國等地的投資者盤算著買下四大，或與四大中的其中一間或多間進行合併。這類交易或許有助於解決四大創新方面的資金瓶頸，讓四大用更好的條件、更理想的成本來募集資金。然而，四大單憑公司結構或所有權的改變，並無法解決壟斷引起的爭議。這個方法自然也無法解決不同服務商品間所導致的問題與壓力，例如審計與諮商服務之間潛藏的衝突。另一套可能的收場方式則專門針對這個衝突而生，內容包含了「退守審計」：創造一間專攻審計的公司，將其他功能分配給打

散後的其他實體。

創立專攻審計的公司即可透過結構層面一勞永逸地解決獨立性的問題。純審計公司的好處，絕不僅止於獲得監管機關的支持以及提升獨立性。儘管壟斷審計讓四大在策略諮商等其他市場上，占了極大的競爭優勢，但遵守審計標準與規範的需求，也讓四大的策略諮商部門必須忍受過多的繁文縟節。對這些部門而言，遵守審計的標準與規範已經成為日常的累贅，不僅限制了他們簽署的合約種類，也管束了他們執行合約的方式，甚至能否執行都是個問題。而審計與諮商之間存在著多少正面的合作效果，就有多少負面的牽制。

也有人提議在功能性服務上進行切割，比方基於誠信與正直原則，將稅務與審計分開。喬治‧羅茲瓦尼在接受財經記者麥克‧偉斯特（Michael West）的採訪時，假設性地將四大分別拆成獨立的稅務與審計兩塊，再將得到的獨立部門進行切割，以增加市場競爭。「如此一來，全球貿易界就有八間國際級審計事務所和八間國際級稅務事務所可供選擇」。儘管這個分割再分割的選擇宛如日本壽司店師傅切生魚片那般，下刀乾淨俐落、妙不可言，但在執行上絕不可能這麼簡單。

四大面臨的諸多威脅之一，就是立法者和監管機關可能會透過法令，要求審計工作需由純審計事務所來進行，來解決獨

立性的疑慮。為了反擊這個「過激」的選項，四大也已經蒐集了這個論點的所有缺陷，而這些論點也正是他們當初用來合理化公司多角化經營的理由。他們指出，強制將業務轉移到純審計事務所的行為，會拉高客戶需支出的成本、減少創新，並擠壓人才進入會計界的意願，最終也將導致審計工作效率低下，企業管理不佳。

儘管退守審計是一個看似可行的結果，但許多問題仍然無法解決，像是四大的職業價值觀和壟斷的勢力。此外，四大之中也有三大曾試過此舉，在二〇〇〇年代讓畢博諮詢公司、凱捷和星期一自立門戶。而在審計與諮商業務完全分開後，這些事務所毅然決然放棄了這個嘗試，以無比的熱情、勢不可當的態度，重回多樣化的懷抱。

▌ 徹夜難眠，有解嗎？

當前的委託審計模式建立在下列幾個相關概念上：第一，審計員期望透過審計工作來維持、強化自身誠信與能力的聲譽。第二，審計委員會有合理的動機將工作交給審計品質更好的審計員。儘管在二〇〇二年《沙賓法案》通過後，美國的審計員都要由公司董事會所組成的小組委員會甄選，在前面章節中我們已經討論過這個模式的不足，以及由股東直接任命審計

員的不便之處。

為了解決審計委任程序的缺陷，有幾種方法被提出來討論。強制審計員的輪替為其中之一。儘管四大在世界各地已全力圍堵這個做法，但歐盟最新的規定要求上市公司和其他公共利益公司每十年需將審計業務進行投標、每二十年必須更換審計員。德勤審計管理合夥人史蒂芬・格里斯（Stephen Griggs）總結了新的處境以及規定對審計員造成的影響：「審計事務所明白自己將會失去全部現有客戶。光想到這件事就能令人輾轉反側、徹夜難眠。」

強制性招標從好幾個關鍵的角度改變了市場動態：為小型事務所帶來商機、鼓勵會計師事務所將服務產品進行分割，也迫使事務所必須更謹慎處理審計與諮商之間的利益衝突，因為諮商服務很有可能成為贏得招標的阻礙，也有可能成為招標的替代方案。普華的法規部門主任吉莉・洛德（Gilly Lord）評道：「在改變審計與非審計業務的關係上，我們必須變得更加靈活。」

投保

英國經濟事務委員會考慮採納紐約大學約書亞・羅南（Joshua Ronen）教授的意見，以「一種重大、創新的手段」來

促進審計領域的競爭。方法為引進財務報表保險市場,並和傳統審計市場進行競爭。這個概念利用購買財務報表保險(Financial Statement Insurance)來取代購買傳統審計服務的行為,替財務報表的可信賴度投保。

> 與其他形式的保險一樣,保險公司在接受投保前會審查客戶公司並確定條件……且公布保險費與受保範圍。接著,保險業者會從受認可的審計員名單中指派審計員,工作範圍將依保險業者願意承擔的風險程度而定。倘若該公司沒能通過審計,他們在下一年度將有兩個選擇:第一,回歸傳統審計;第二,針對財務報表保險的投保範圍進行協商。倘若有人對財務報表保險的保單提出理賠要求(舉例來說,投資者因為誤導性財務報表有所損失,而提出補償時),將交由仲裁程序處理。

此外,監管機關和客戶也在考慮更極端的審計替代方案。在不久的將來,企業們會繼續接受大型會計師事務所的服務,還是另請高明?四大會因為這些混亂而被淹沒嗎?

國有化

當前審計員的遴選方式是由審計委員會從不斷縮減的主流事務所名單中,精挑細選出審計員。另一種提案則是想得更

遠：將所有的企業審計的責任，收歸國有。早在現代企業管理初期，這個想法就曾被提出來討論。而這個做法所產生的效果，就和將四大審計業務國有化一樣。

一九三〇年代，在美國證券法的聽證會上，美國參議院的銀行貨幣委員會考慮將私人企業的審計職務，指派給某一政府機關（可能就是當時新成立的證券交易委員會），而該機關將獨立聘用、指派審計員。哈士欽與賽爾斯的資深合夥人、紐約州註冊會計師協會會長亞瑟・卡特（回答審計員根據「良心」行事的那位）說服了委員會，讓專業服務公司來執行審計業務。借用史蒂芬・澤夫的說法，四大「逃過一劫，上市公司的審計沒被政府接管。」

然而，這個概念卻從未消失。二〇一四年，普林・西卡教授質疑：「世人比較會因美國國稅局的突襲而陷入恐慌，還是被友善的鄰家審計員臨檢而手足無措？」西卡也表示，銀行的審計更應交由政府執行。倘若這類審計由法定監管機關來執行，監管機關對於受監管公司的了解也會更深，從而提升監管的效果。

某種程度上，國有化已經發生過。美國公開發行公司會計監督委員會詳盡的審查也反映了政府在企業審計的強化。有鑒於過去的模式持續出現，美國政府開始有效介入，並著手設立

審計員需滿足的品質標準，此舉或許正是接管審計工作的前置作業。

減半

科技替代品顛覆了審計。在迅速崛起的未來裡，過去由審計團隊從事並負責的任務與目標，在基於追求更佳表現以及許多不當行為被揭露後，開始被數位分析與「審計機器」、更公開的系統與組織所取代。這個趨勢也已經影響到四大的員工，部分國家機關正在徹底調整聘用計劃。安永在二○一六年預測，二○二○年新進的審計員人數可能會減半。

會計師事務所合夥制度很大程度建立在員工的忠誠與責任心上。然而，當代的職場無論是員工還是雇主，忠誠度卻都出名地低。在對傳統工作模式所萌生的懷疑主義中，興起了一股新的工作與雇傭關係。在美國，每三名工作者中，就有一名為非傳統雇傭關係，像是自由業者、零工／暫時性工作者。職業擁有不同的樣貌，並會在不同的時間框架下誕生。

未來十年，某些類型的會計、審計與稅務工作的自動化必然會發生。審計中不斷重複的工作，交給機器人來做再適合不過了。聰明的演算法和認知人工智能也可以取代大量的審計諮商工作。倘若四大能成功地熬過數位化的步步相逼，事務所的

人力資源中極有可能出現更多的電腦科學家以及資訊科技人員。會計是否會成為資訊科技的一部分？隨著其他技能的價值不斷增加，會計專業的重要性也可能隨之衰退。為什麼要將審計員的工作局限在會計師身上？

　　無論是在業界還是學校裡，會計與資訊科技間的藩籬已經被破除。舉例來說，楊百翰大學（Brigham Young University）現在會同時教由甲骨文（Oracle）與 SAP 軟體公司開發的科技系統和傳統會計學。無庸置疑，四大當前的審計合夥人並不適合監督底下的數據科學團隊與資訊科技人員。二〇一五至二〇一六年間，澳洲的四大總共提拔了兩百七十四名新合夥人，其中僅有五十九位來自傳統審計與保險服務背景；在非審計人員的招聘中，數位與網路技術備受重視。然而，還有一個更基本的問題：高度槓桿、勞力密集的合夥人制度，並不適合數位化的將來。

　　當前的專業服務商業模式，是基於獎勵勞力的態度所發展的。但分析工作本質上為資本密集、而非勞力密集的工作。一旦找到更創新的方法，這個工作就能以消耗更少勞力的方式來執行。機器人不需要透過招聘就職，也不需要誘因或升遷。當資淺員工無法順著幫派般的階級制度往上爬，或缺乏如泡沫經濟般的成長力度時，合夥人模式將就此崩解。

▎大躍進

資本主義國家下的產業變遷史,能讓四大獲得許多發人深省的教訓。無論是汽車、能源、電信、媒體還是服務,各行各業的中流砥柱往往擋不住變遷所造成的衝擊。事實上,有許多產業甚至沒能撐過衝擊。相反地,這些衝擊經常是來自外部的成熟產業。舉例來看,Grab 和 Lyft 的乘車服務從外部衝擊了計程車產業,而柯達和 Nokia 則沒能在攝影與電話市場中抓住衝擊所帶來的新機會。此刻,汽車與能源產業所面臨的基本面衝擊,就是由特斯拉、奈斯特(Nest)、太陽城(SolarCity)和 Google 等外部公司導致的。

大量證據顯示,會計業將面臨的衝擊也多來自外部,且很有可能會把圈內人遠遠拋在後頭。這些證據包括了四大在標準與方式上,逐漸且經常過於草率的變遷史。在標準方面,會計專業領域對於過往新趨勢的反應,就是透過遞增的方式來修訂審計標準與道德準則。如同普林・西卡在〈金融危機與審計員的沉默〉(Financial Crisis and the Silence of Auditors)中所指出的,這種遞增形式的改變,將不足以應付當前的挑戰。以審計為例,唯有當審計標準能反映當代審計的現實,納入「與審計成果、資本主義變遷以及審計限度相關的程序」,否則審計難重振旗鼓。

在工作成果與內部行事方面，四大也定期透過許多方法來進行自我改造，例如打進新市場、使用新術語等；諮商方面的例子，則包括了「企業社會責任」、「社會資本」、試運行（commissioning）、「公共價值」，甚至「企業正念」。這些事務所改良了程序，並採納跨國組織的新模式。儘管如此，這些改變對整體而言過於單薄。數十年來，四大的所有權、商業模式、技術和活動方面都未有根本性的改變。此刻我們或許明白，會計領域大躍進式的改變，將會從四大外部、甚至不屬於會計專業的領域揭開序幕。

▌遲早會停下來的跑步機

四大之所以能擴張得如此快速，主要是仰賴事務所承擔愈來愈大的風險，像是深入破產、訴訟和稅務等危機四伏的領域之中，以及審計的偷工減料。這些事務所被指控過於短視近利，為了利益在誠信與品質方面妥協。儘管如此，或急或緩，短線也會走到盡頭。為利益而犧牲原則的做法不可能長長久久。在「音樂停止演奏」的寧靜下，眾人將會發現這些事務所快速成長的真面目不過是一個不斷膨脹的泡泡，當泡泡即將破滅時，風險也將快速飆高。拉夫‧華特斯提出的真知灼見值得我們再次回想：「這些大型事務所就像在一台遲早會停下來的

跑步機上不斷奔跑。」

而一度被視為調解會計工作峰期落差的顧問服務，卻帶來了意料之外、且有可能加速四大邁入終局的風險。儘管如此，最讓人聞之怯步的滅絕事件危機，還是藏在審計與稅務之中，因審計與稅務而引發的訴訟案總是源源不絕地到來。舉例來說，普華永道目前淪為培訓業者職業（Vocation）倒閉集體訴訟案的被告。有些訴訟案的規模大得驚人，如明富全球（MF Global）經營不當的十億美元案件，還有雅佳案與 TBW 殖民案那些曠日費時、涉及金額高達數十億美元的訴訟。

監管機關已表明態度，絕對不會放手讓四大變成三大。而這樣的表態也對四大背後的動機產生了明確的影響，也引發了大規模的道德風險。免於倒閉危機的企業，總有承擔更高風險的趨勢；不妨回想過去一世紀間每一件銀行業災難，預防倒閉的保證只會產生反效果，提高倒閉的可能。

在其他產業中，我們見證過的例子數不勝數；曾經穩固的寡頭壟斷企業在競爭者或破壞者的侵襲之下，迅速走向滅亡。製造業、媒體、能源和金融服務產業，全都經歷過尼爾‧弗格森所謂的「大滅絕」──猶如二疊紀末期造成地球上九成生物死亡的大災難。馬修‧克勞福德提供了一個例子：「一九〇〇年的美國共有七千六百三十二間有頂／無頂馬車製造商。在採

納了福特的方法後，製車業迅速地縮減到只剩三大。」如今會計界正面臨同樣的產業重塑危機，或許，四大提筆寫下生前遺囑的時機到了。

▌通向未來的道路

然而，這就是我們即將面對的。四大該如何迎向迫在眉睫的未來？除了安達信那場因重大訴訟或內部違約而起的災難倒閉事件，通往未來的路徑還有無數的可能，而這些路徑往往牽扯到許多外部因素，如客戶的背信、監管機關的行動等等。

不妨試想：假設四大的某個大客戶決定，他們受夠了目前企業審計「必要之惡」的模式，決定棄而選擇另一種審查與問責制度，以及不同的顧問。倘若其他企業也跟進，這樣的背棄或許會根本性地改變事務所的勢力範圍。

這種發展有可能發生嗎？唯有當大型客戶獲得監管機關的許可，他們才有可能採取其他的審計模式，像是完全公開透明的帳目，或完全自動化的監察機制。監管機關非常關切四大的表現，但也迫切渴望能打破當前的僵局。因此，許可是有可能的。而叛逃的公司勢必會被要求採納在問責與表現方面上、能帶來同等或甚至更好成果的方法。（這也是為什麼四大如此害

怕非法定守則（Grey-letter law）[49] 和以成果為導向的監管及標準。在通往目的地的過程上，這些企業至少還堅持要走審計這條路。）這些改變最初或許只是實驗性、且漸進地發生，像是透過一間或少數公司與監管機關的合作，企圖強化特定法律轄區內的傳統審計做法，或只針對特定企業、商業活動類型改變。

四大的現代史充斥著反覆發生的醜聞，伴隨著監管機關試圖建立彌補的法律、機構或標準。許多會計、監管和治理領域的評論家，視監管機關聞之起舞的行為不過是儀式性、企圖撲滅醜聞的舉動，且總是基於維持現狀的態度，進行最小程度和緩慢的修正。儘管如此，這樣的舉動也可能會有結束的一天，並迎來監管部門根本性的變革。美國、歐洲或中國的監管部門或許會想要「重啟監管機制」：讓提供並雇用會計服務的方式出現顛覆性的大變革。

無論用的是哪一種比喻：過時的設備、未跟上演化的巨型動物、融化的冰山、被偷的奶酪——四大都麻煩大了。讓他們富甲一方的獨占市場正快速萎縮。以新透明度、新監管機制時代為例，舊有的避稅手段已不可行。許多諮詢服務也同樣如

49　意指那些雖沒有法里依歸、或違反守則也不用承擔法律後果的守則，但違反或拒絕參與守則者，其聲譽往往會受到嚴重的損害。

此。在審計方面，新的科技也正在入侵，並吞噬過去四大所享有的壟斷權。

四大並不是上市公司，因此他們最終的下場會與過去四個世紀以來、歷史上曾出現過的股票市場泡沫化非常不同。（當普華永道在奧斯卡頒獎典禮上犯下這麼糟的錯後，股價並未因此下跌——因為普華永道根本沒有發行股票。）

這些事務所也不受市場分析師、股市、外部股東、傳統企業董事會或投資大眾所監督。且通常來說，他們彼此之間也不負責互相監督。會計師事務所大部分也不會借貸融資，因此不需接受放貸者的審查。而會計學的專家（即便是學術研究者），面對未來可能的雇主或贊助者的事務所，自然不太願意發表嚴厲的批判。畢竟我們所有人都知道該怎麼做，才對自己最有利。

除此之外，四大的加盟結構，也使事務所的透明度更低。四大當中，沒有任何一間事務所公布過包含詳盡收入分析或關鍵資產價值（如品牌或智慧財產權）的全球性評估，絕大部分的元素都非常神祕。基於四大的合夥人制度，個別合夥人的納稅金額往往比公司報稅的內容還要吸引人。

然而，在這個嶄新又透明的世界裡，四大將無法繼續保有自己的神祕感。客戶將知道更多四大的祕辛，像是員工、成

本、收費（包括競爭對手在同一項目上的收費）、能力、工作方法、內部謠言、陸陸續續發生的慘敗，以及四大工作成果所產生的價值（倘若有的話）。然而這不一定會提升客戶購買服務的欲望。

隨著美國公開發行公司會計監督委員會明定違規行為，並提升審計的整體品質，對四大而言，審計將無法再如同過去般，作為強化品牌辨識度的資源。過去，四大與其他合乎規範的審計員之間有著一定的差異，但這種差異即將消失。就更基本的層面而言，傳統的審計方式也將面臨威脅。四大員工對審計能否產生附加價值的懷疑，是正確的嗎？而麥克·包爾稱上市公司的審計不過是空泛的儀式，說的對嗎？對四大而言，其中一個災難性局面就是客戶開始視審計為一種普通商品，一種無法帶來任何益處的必要之惡。而這個局面已經發生，也是監管機關愈來愈想解決的情勢。

諮商與審計服務都遭遇商品化、數位化、離岸外包等衝擊。四大必須投注極大的心力來應付當前的碰撞，然而既有的加盟架構與合夥人制度卻成為一種障礙，使得四大難以獲得必要創新所需的大筆資金。當前的衝擊來自四面八方。中國就像是一場前所未見的巨大災難，步步逼近，四大的品牌面臨有史以來最嚴重的威脅。當代四大的商業性與妥協，也在中國得到了最活生生、血淋淋的體現。

人事槓桿和合夥人制度依賴的是事務所的成長，而在種種壓力之下，四大當前的成長率勢必難以維持。科技衝擊當前，四大正面臨著人才與想法外流的窘境。他們以為自己可以控制數位化科技，並「使其分裂」，但他們做不到。

為了迎戰當代會計所面臨愈來愈高的風險，以及愈來愈愛提起訴訟的投資者與客戶，四大在風險管理上投注了極大的心力。他們創立大規模的風險部門、招募大量的法遵人員，根據系統建立新系統。然而，在一個風險管理常見的問題面前，四大卻顯得不堪一擊：管理者所關注的風險無論在等級或範疇上，都是錯的。會計產業目前面臨的根本性威脅（如市場衝擊或服務上的落伍），並不是靠法遵人員就能輕易解決的。

另一個危險則在於風險的代價可能被錯估。在類似二〇〇八年金融海嘯的會計危機面前，四大是如此脆弱。舉例來看，四大為大型企業進行審計收取的費用經常不足以反映所承擔的風險。如同偉大的羅倫佐和痛風者皮耶羅，四大也非常不擅長評估風險代價。滅絕等級事件清楚地顯示審計與稅務服務的價格，出現根本性的錯誤；這或許也暗示了會計服務市場的結構，以及這些服務的本質，並不利於正確的定價。在這個局面下，四大承擔了一連串評估不正確的風險。

四大的品牌價值奠立在他們輝煌的歷史之上，然而四大當

前的舉止態度，卻與歷史一刀兩段。我們如今所熟悉的四大，比起一八五〇至一八六〇年代，更接近一九八〇至一九九〇年代的狀態。四大已經離當初以原則為本的時代太遙遠。然而，只有當他們能真正理解自身的背景，才有可能真正理解並克服眼前的衝擊，邁向未來。

如同大衛・梅斯特所指出的，「超市」（supermarket）[50]方法自始至終在數不清的產業及專業領域中被試用，但絕大多數都備受批評。然而，這個方法卻成為四大當前策略極為重要的一部分。端看四大的規模與成長速度，不難想像他們在急於擴張的需求與維持人力運作間，自然存在的緊繃。而其他的矛盾也不容小覷。審計的未來究竟會走向標準化還是差異化？四大應該為公共利益服務，還是為自身牟利？從嚴以律己的貴格會作風到自由奔放的投資銀行風氣，四大吸收了極為不同的文化影響力。他們敞開大門歡迎新進人員與多樣化，但對一致性與均值的追求，卻仍然相當強烈。

在二十世紀初，許多會計師為共濟會成員，有些人是唯心論者，也有少數人士甚至涉獵更隱晦或更超脫的領域。倫敦普華早期的合夥人吉爾伯特・加恩席爵士玩弄數字於股掌之上，甚至有人指控他接觸神祕學。尼可拉斯・華特豪斯則是與真正

50　亦即根據個人需求在適當的時間、購買適當服務的作法。

的神祕學家深交。在會計學與數學發展的早期階段，常瀰漫著魔法般的氛圍，而這些學科從未真正擺脫這個氣氛。不過這對失去與科學長久連結的會計來說，未嘗不是一件好事。會計領域當前所面臨的矛盾已經過於僵化，或許唯有魔法才能緩解困境。

倘若四大消失了，我們會失去什麼？而他們將遺留下什麼？毫無疑問，他們確實讓全世界的公司擁有更清楚的帳目，也更有效率。但商業系統和報告中的董事會、銀行、競爭勢力、策略公司、系統工程師、經濟顧問、專業企業顧問、內部提升小組、前線員工及科技進步也同樣如此。四大對問責性的幫助及諮商部分的功能，極容易受到挑戰或取代。

或許，損失最大的將是人類學。合夥人制度、合夥人貴賓室、合夥人專用停車位——這一切將如亞馬遜原始部落的儀式、中世紀晚期銀行的交易，或如鐵路清算所那錯綜複雜而迂迴的審議般，變得既陌生而遙遠。

尾聲
會計師的職責？

　　四大曾審計過數個投資在馬多夫龐氏騙局上的「聯邦資金」。但如同二〇〇八年下半，美國審計中心的辛蒂・弗奈利（Cindy Fornelli）對《時代》雜誌所表示的，「會計師的職責並不包括替資本管理公司審計投資對象的基本投資面向。」馬多夫本人則完全避開了四大，轉而依賴據稱與他姐夫有關係的事務所。其他報導則將他和弗林與赫洛維茲（Friehling & Horowitz）這間小型事務所連在一起，公司所有員工擠在紐約北郊小小的辦公室裡，離市區三十英里遠。

　　弗林與赫洛維茲為馬多夫二〇〇六年的財務報表簽名，亦即判定報表內容「符合美國一般公認會計原則」。當這場龐氏騙局被揭穿時，五名損失最大的受害者包括奧地利銀行（Bank Medici AG）。銀行遭受重創，在危機爆發的隔年，失去了銀行牌照。

致謝

　　我們撰寫此書的目的，並不是為了創作一部史詩級的學術「巨」著。我們盡力網羅各個領域的資料：組織的描述歷史、創辦人回憶錄、早期貿易期刊、歷史性期刊、媒體文章、社群媒體、四大員工的部落格、保存文獻，以及四大當前或過去員工受訪時描述的直接經歷。本書中所呈現的四大現任、前任合夥人及員工事蹟，我們保留了他們真實的職位，僅改變了名字。在此，我們必須為那些親身協助我們完成此書，或以其他方式鼓勵、啟發我們的四大人，致上我們的謝意。

　　特定內文的出處都列在最後的參考書目與附註內。我們分外感謝馬克‧史蒂文斯、茱莉亞‧歐文（Julia Irvine）、大衛‧梅斯特、保羅‧吉利斯、法蘭辛‧麥坎納、雷蒙‧杜赫蒂及史蒂芬‧澤夫對會計專業服務進行的研究；克里斯丁‧沃瑪對英國鐵路史的研究；堤姆‧帕克斯和尼爾‧弗格森、克里

斯多夫‧希伯特（Christopher Hibbert）和吉恩‧布魯克對梅迪奇銀行的研究。我們也非常感激哈佛商學院、蒙納許大學（Monash University）以及 Black Inc. 內同事們的支持與啟發，特別必須感謝蘇菲‧威廉斯（Sophy Williams）、克里斯‧菲克（Chris Feik）、茱莉亞‧韋爾奇（Julian Welch）、克莉絲汀‧殷尼斯－威爾（Kirstie Innes-Will）、安娜‧萊斯基和金‧弗格森（Kim Ferguson）。我們也必須感謝家人與朋友，縱容我們醉心在這有時不得不耗費全部心力的作品上。

注釋

第 1 章

p. 15 「超國家組織」：Paul Gillis, The Big Four and the Development of the Accounting Profession in China (Emerald Group Publishing, 2014), p. 262.

p. 16 「有史以來最漫長且瘋狂的交易」：Carol J. Loomis, 'The Biggest Looniest Deal Ever', Fortune Magazine, 18 June 1990.

p. 18 「對著年輕正妹展開熱烈追求」：Anthony Wu, chairman of EY in China, quoted in Gillis, The Big Four in China, p. 193.

p. 18 「四間企業實在太少了」：'Accountancy's Big Four Need More Competition' (editorial), Financial Times, 24 August 2016.

p. 19 「減少審計服務的選擇性」：Christopher Pearce, finance director of Rentokil, quoted in 'Accountancy Mergers: Double entries', The Economist, 11 December 1997.

p. 19 「八大的影響力與規模遮天蔽日」：Report of the Senate Subcommittee on Reports, Accounting and Management (the Metcalf Report), quoted in Mark Stevens, The Big Eight (Simon & Schuster, 2010), p. 9.

p. 20 「潛在災難性訴訟」：Association of Chartered Certified Accountants, Audit Under Fire: A review of the post-financial crisis inquiries (ACCA, May 2011), p. 1.

p. 21 「完美的詐欺者」：Federal prosecutors, quoted in Patrick Fitzgerald, 'PricewaterhouseCoopers Settles $5.5 Billion Crisis Era Lawsuit', The Wall Street Journal, 26 August 2016.

p. 21 「魁梧的大學中輟生」：Brian O'Keefe, 'The Man Behind 2009's Biggest Bank Bust', Fortune

Magazine, 12 October 2009.

p. 21 「喪心病狂的騙子」: Alison Frankel, quoted in Francine McKenna, 'A Tale of Two Lawsuits – PricewaterhouseCoopers and Colonial Bank', Forbes, 10 November 2012.

p. 21 「慷慨和邪惡的程度成正比」: Matt Hennie, 'Former Blake's Owner a Mean, Garish Queen', Project Q Atlanta (online), 27 July 2012.

p. 21 「法卡斯」: Jason Moore, in the CNBC documentary American Greed: Lee Farkas' Mortgage Loan Scam, 11 July 2012.

p. 23 「處處展現輕忽與共謀」: Liz Rappaport & Michael Rapoport, 'Ernst Accused of Lehman Whitewash', The Wall Street Journal, 21 December 2010.

p. 24 「一切都會沒事」: Joe Berardino, Arthur Andersen's global CEO, quoted in Gillis, The Big Four in China, p. 193.

p. 24 「好消息是」: George W. Bush, quoted in Barbara Ley Toffler, Final Accounting: Ambition, greed, and the fall of Arthur Andersen (Broadway Books, 2003), p. 217.

p. 25 「與安隆事件毫無關係」, 'Some senior partners': Robert Reich, 'Dear Mr. Corporation', The American Interest (online), 1 July 2010.

p. 25 「這是否意味著」: Jonathan D. Glater & Alexei Barrionuevo, 'Decision Rekindles Debate Over Andersen Indictment', The New York Times, 1 June 2005.

p. 26 「特定的觀點與取向下被輝格化」: Paul L. Gillis, 'The Big Four in China: Hegemony and Counterhegemony in the Development of the Accounting Profession in China', PhD thesis, Macquarie Graduate School of Management, Macquarie University, 2011, p. 41.

p. 27 「（歷史學家）偏好關注業界菁英」: M. Burrage, 'Introduction: The professions in sociology and history', in M. Burrage & R. Torstendahl (eds), Professions in Theory and History: Rethinking the study of professions (Sage, 1990), pp. 5–6.

p. 27 「當代的專業經濟學家們」: Robert Skidelsky, 'Is Economics Education Failing?', World Economic Forum (online), 4 January 2017.

p. 31 「缺乏浪漫氣質」: Nicholas A.H. Stacey, 'The Accountant in Literature', The Accounting Review, Vol. 33, No. 1 (January 1958), pp. 102–105.

第 2 章

p. 39 「自我毀滅」: Janet Ross (trans. & ed.), Lives of the Early Medici as Told in Their Correspondence (Chatto & Windus, 1910), p. 8.

p. 47 「完璧處女，絕無病恙」: quoted in Tim Parks, Medici Money: Banking, metaphysics and art in fifteenth-century Florence (Profile Books, 2013), p. 63.

第 3 章

p. 55 「審計員」，「審查擔負財政責任者的誠實性」: Sean M. O'Connor, 'Be Careful What You Wish For: How accountants and Congress created the problem of auditor independence', Boston College Law Review, Vol. 45, No. 4, 2004, pp. 741–828.

p. 56 「無法為自己好好管帳」: Lord Brougham, quoted in Richard Brown, A History of Accounting and Accountants (Augustus M. Kelley, 1905), p. 234.

p. 61 「如今全球各地大企業的營運模式」: James Meek, London Review of Books, Vol. 38, No. 9, 5 May 2016.

pp. 61–62 「絕大部分的鐵軌都會是平坦的」，「因為路線必須經過門地皮斯丘陵」: Adrian Vaughan, Railwaymen, Politics and Money (John Murray, 1997), p. 116.

p. 62 「清償前一個由同一批人所發起的計劃項目的債務」: Christian Wolmar, Fire & Steam (Atlantic Books, 2007), p. 87.

第 4 章

p. 70 「有什麼方法能確保」: Sir Albert Wyon, 'The Organization of Large Accountants' Offices in Connection with the Accountant's Responsibility', The Accountant, Vol. 75, No. 2696, 7 August 1926.

p. 72 「我們站在門口警衛室前等著父親下樓」: Nicholas Waterhouse, quoted in Edgar Jones, True and Fair: A history of Price Waterhouse (Hamish Hamilton, 1995), p. 30.

p. 73 「我們不為名聲」: Edward Burroughs, 'To the Present Distracted and Broken Nation of England, and to all her inhabitants', in The Memorable Works of a Son of Thunder and Consolation: Namely, that True Prophet, and Faithful Servant of God, and Sufferer for the Testimony of Jesus, Edward Burroughs (1672), p. 604.

p. 74 「檢舉超速駕駛或任何不當行為」: Wolmar, Fire & Steam, p. 17.

p. 75 「參議員巴克利：在你那個有兩千名員工的組織」: Charles D. Niemeier, 'Independent Oversight of the Auditing Profession: Lessons from U.S. History', German Public Auditors Conference 2007, 8 November 2007.

pp. 76–77 「沉悶無趣的維多利亞人」，「在印度服役」，「入境隨俗」，「古板沒情調」: Frank McLynn, 'A Bureaucrat Goes Native Among the Hill Folk: Thangliena: The life of T H

Lewin' (book review), The Independent, 3 May 1993.

p. 77 「唯一留下的完整自傳」：Michael J. Mepham, 'The Memoirs of Edwin Waterhouse: A Founder of Price Waterhouse' (book review), The Accounting Historians Journal, Vol. 17, No. 1, June 1990.

p. 78 「最接近會計學的學科」：Jones, True and Fair, p. 84.

p. 79 「我親愛的兒子」：Edwin Waterhouse, quoted in Jones, True and Fair, p. 86.

p. 79 「裙帶關係最直接的例子」：Nicholas Waterhouse, quoted in Jones, True and Fair, p. 85.

p. 80 「土耳其煙草與香奈兒五號的香氣」，「害怕失去美麗的外表」：Charlotte Breese, Hutch (Bloomsbury, 1999), p. 65.

p. 80 「公然的墮落之舉」：Breese, Hutch, p. 64.

p. 81 「用尼可拉斯的錢喝酒嗑藥」：Breese, Hutch, p. 65.

p. 82 「好心人士為路易斯設立了一筆合資資金」，「我那該死的津貼呢？」：David Trotter, 'A Most Modern Misanthrope: Wyndham Lewis and the pursuit of anti-pathos', The Guardian, 23 January 2001.

p. 83 「我想你明白」：Nicholas Waterhouse, letter to Mrs Robson, 30 July 1953, quoted in Jones, True and Fair, p. 218.

第 5 章

p. 88 「他們不具生產力」：Henry Ford, quoted in David Halberstam, The Reckoning (William Morrow, 1986), p. 99.

p. 90 「我們公司的行動」：Walter E. Hanson, quoted in Stevens, The Big Eight, p. 4.

p. 91 「替政府執行工作」：Jones, True and Fair, p. 110.

p. 92 「不受歡迎發展」，「可能稀釋公司資收入」：Prem Sikka, 'Audit Policy-Making in the UK: The case of "the auditor's considerations in respect of going concern"', European Accounting Review, Vol. 1, No. 2, 1992, pp. 349–392.

p. 93 「阻礙會計領域的改革」：James Moore, 'PwC Links to Independent Anti-Reform Lobbyist Revealed', The Independent, 19 July 2013.

pp. 93–94 「我認為我們都知道」：'The Institute of Chartered Accountants in England & Wales: The Autumnal Meeting', The Accountant, 27 October 1888, p. 692.

p. 94 「會計的職業道德與執業標準」：O'Connor, 'Be Careful What You Wish For'.

p. 95 「魔術師喋喋不休地誤導或混淆觀眾」，「難以理解的行話」：Lawrence James, The Middle

Class: A History (Hachette, 2010), p. 62.

p. 100「定期審查管理組織」: Jones, True and Fair, p. 234.

p. 101「從前,公共會計最煎熬的時刻」: Paul Grady, quoted in G.J. Previts, The Scope of CPA Services: A study of the development of the concept of independence and the profession's role in society (Wiley, 1985), p. 89.

p. 101「實在太安靜了」: Jones, True and Fair, p. 69.

第 6 章

p. 115「在名稱中保留具有潛在行銷價值的『Price』」: Alison Leigh Cowan, 'Price Waterhouse-Andersen Merger Blues', The New York Times, 7 August 1989.

p. 115「削價行為帶來的惡名」: 'A Cutting Sense of History at PwC', The Evening Standard, 30 December 2008.

p. 120「一種曖昧不明……的成員制」: Andrew Clark, 'Deloitte Touche Tohmatsu Quits Swiss System to Make UK Its New Legal Home', The Guardian, 21 September 2010.

p. 121「這是一門紳士的職業」: Rick Connor, quoted in Ianthe Jeanne Dugan, 'Before Enron, Greed Helped Sink the Respectability of Accounting', The Wall Street Journal, 14 March 2002.

p. 121「資本主義的良心」: Dugan, 'Before Enron'.

pp. 122–123「一九七二年,美國會計師協會對司法部讓步」: Stephen A. Zeff, 'How the U.S. Accounting Profession Got Where it is Today: Part 1', Accounting Horizons, Vol. 17, No. 3, September 2003, p. 202.

p. 123「準備有效且具說服力的文件」,「協助貴公司」: Touche Ross & Co., Employers' Accounting for Pensions (Touche Ross & Co., 1983), p. 3.

p. 123「自甘墮落成為客戶的盲從辯護者」: Zeff, 'How the U.S. Accounting Profession Got Where it is Today: Part 1', p. 201.

p. 124「可能誤導之嫌」,「可靠性與準確性」: Australian Customs & Border Protection, response to a Media Watch (ABC) query, 10 June 2011.

p. 124「毫無底線」,「虛偽」與「捏造事實」: Brendan O'Connor, quoted in Joe Hildebrand, 'Report Shows Climb in Black Market Cigarettes Is Costing $2 Billion a Year', The Daily Telegraph, 12 July 2011.

p. 124「分歧點和其他問題」,「報復」,「比尼寶貝」: Minority Staff of the Permanent Subcommittee on Investigations of the Committee on Governmental Affairs, United States Senate, U.S. Tax Shelter Industry: The Role of Accountants, Lawyers, and Financial

Professionals. Four KPMG Case Studies: Flip, Opis, Blips, and Sc2 (U.S. Government Printing Office, 2003), pp. 54–55.

p. 125 「多樣化專業服務企業」: American Institute of Certified Public Accountants, Strengthening the Professionalism of the Independent Auditor: Report to the Public Oversight Board of the SEC Practice Section, AICPA from the Advisory Panel on Auditor Independence (Public Oversight Board, 1994), p. 6.

p. 127 「沒想到這個網站居然還能比名字更搞笑」: WoodShedd: Web Hosting Master, in Thread: Price Waterhouse – Donkeys, 8 December 2002 (www.webhostingtalk.com/showthread.php?t=66696).

第 7 章

p. 131 「針對帳戶展開全面審查」: Sarah Danckert, 'Centro Auditor Banned by ASIC', The Australian Business Review, 20 November 2012.

p. 135: 「自青春期起就被關在圖書館裡」,「認為會計師如同漫畫」: Stevens, The Big Eight, p. 19.

p. 140 「女性化」: Nancy Levit, The Gender Line: Men, Women, and the Law (NYU Press, 1998), p. 212.

p. 140 「在我那個年代，午餐時光簡直惬意無比」: Stevens, The Big Eight, p. 22.

p. 141 「致力追求包容性承諾」,「坦然做自己的工作環境」: EY, 'Life at EY: EY recognised for LGBTI inclusion' (www.ey.com/au/en/careers/experienced/life-at-ey#fragment-1-na).

p. 141 「GLOBE 的目標」: Deloitte, 'About Us: GLOBE: Deloitte's LGBTI Network' (www2.deloitte.com/au/en/pages/about-deloitte/articles/globe.html).

p. 142 「提升比例過低的女性人才」: Deloitte, 'About Us: Inspiring Women' (www2.deloitte.com/au/en/pages/about-deloitte/articles/inspiring-women.html).

p. 142 「多元雇用」: Comment posted in response to Adrienne Gonzalez, 'Failed PwC Auditor Finds Success in Burning Bridges with This Ridiculous Farewell Email', Going Concern (online), 7 November 2013.

p. 143 「過於專注自身事物」,「太超過」: Sir W.E. (Ted) Parker, quoted in Jones, True and Fair, pp. 198–199.

p. 144 「大公司裡有不成文的規定」: Stevens, The Big Eight, p. 24.

p. 146 「據傳，他連做愛都不敢脫上衣」: Stevens, The Big Eight, p. 25.

p. 146 「基於一致的一致性」: Stevens, The Big Eight, p. 24.

p. 146 「躲藏在枯燥乏味的障眼法後面」,「你的行為必須像一名審計員讓人信服」: Andrea

Whittle, Frank Mueller & Chris Carter, 'The "Big Four" in the Spotlight: Accountability and professional legitimacy in the UK audit market', Journal of Professions and Organization, Vol. 3, No. 2, 1 September 2016, pp. 119–141.

p. 147 「道德教育場所」：Matthew Crawford, The Case for Working with Your Hands: Or why office work is bad for us and fixing things feels good (Penguin, 2010), p. 126.

第 8 章

p. 151 「除了罕見表現不佳的狀況」，「如果一名夥人贏得新客戶」，「動用一切資源」，「一個人的職業生涯高峰」：Zeff, 'How the U.S. Accounting Profession Got Where It Is Today: Part I', p. 195.

p. 152 「有效運作的小規模實踐小組」：David Maister, True Professionalism: The courage to care about your clients & career (Simon & Schuster, 2012), p. 94.

p. 152 「切勿驕矜自滿」，「別老是擺著指導別人的高姿態」：Giovanni di Bicci de' Medici, quoted in Ross (trans. & ed.), Lives of the Early Medici, p. 6.

p. 153 「量身訂制、獨特且視情況做調整」，「直覺和本能」：David H. Maister, Robert Galford & Charles Green, The Trusted Advisor (Simon & Schuster, 2012), p. 160.

pp. 154–155 「看來，此專業領域出現的驚人成長」：William Gregory, quoted in Stephen A. Zeff, 'How the U.S. Accounting Profession Got Where it is Today: Part II': Accounting Horizons, Vol. 17, No. 4, December 2003, p. 267.

p. 155 「五年前」：L. Berton, 'Total War: CPA firms diversify, cut fees, steal clients in battle for business', The Wall Street Journal, 20 September 1985.

p. 155 「割喉戰」：Eli Mason, quoted in Zeff, 'How the U.S. Accounting Profession Got Where it is Today: Part II', p. 202.

pp. 155–156 「或許是重建一項重大方法」：Zeff, 'How the U.S. Accounting Profession Got Where it is Today: Part II', p. 203.

p. 156 「大型事務所就像是在一台遲早會停下來的跑步機上跑著」：Ralph Walters, quoted in Zeff, 'How the U.S. Accounting Profession Got Where it is Today: Part II', p. 272.

p. 157 「項目管理和技術任務」：Paul Bloom, 'Effective Marketing for Professional Services', Harvard Business Review, September 1984.

p. 157 「僅僅因為對事務所而言」：Stevens, The Big Eight, p. 18.

p. 158 「任何一切可攤在陽光下的事」，「你是我的審計員還是業務？」：C. Anthony Rider, quoted in Dugan, 'Before Enron'.

p. 159「領高薪……但稱不上富裕」: Mark Stevens, The Big Six (Simon & Schuster, 1991), p. 251.

p. 161「優秀的二流大學學位」: Jones, True and Fair, p. 33.

pp. 161–162「自食其力」,「內部升遷」,「和多數競爭者不同」: Ian Brindle; 'Foreword', in Jones, True and Fair, p. xvii.

p. 162「在一九九〇年代」: Zeff, 'How the U.S. Accounting Profession Got Where it is Today: Part II', p. 270.

p. 163「由專業活力和創造力所營造出來的流暢、快節奏環境」: PwC, 'Thrive in a Great Team' (www.pwc.com.au/careers/thrive-in-a-great-team.html).

p. 163「有彈性、創造性工作」: PwC, 'Work Like a Start-Up' (www.pwc.com.au/ careers/be-entrepreneurial-like-a-start-up.html).

p. 165「他們就跟你我沒什麼不同」,「填寫大量不會幫任何人帶來益處的無用報告」,「那些沒有選擇餘地的人從事的工作」: Lacey Donohue, 'This Is the Best "I Quit" Email You'll Read All Week', Gawker (online), 18 November 2013.

pp. 167–168「漠然地看著他們的嘴張張合合」,「我突然明白這是怎麼一回事了」,「真正讓我害怕的是」: Stevens, The Big Eight, pp. 29–30.

第 9 章

p. 175「上帝的最終審判」: Jacob Soll, The Reckoning: Financial accountability and the making and breaking of nations (Penguin, 2015), p. 7.

p. 175「挑出可疑或過期的帳戶」: Raymond de Roover, The Rise and Decline of the Medici Bank: 1397–1494 (Beard Books, 1999), p. 100.

p. 178「虔誠的信徒」: Sir Patrick Hastings, Cases in Court (William Heinemann, 1949), p. 217.

p. 178「他們對待基督徒的態度奇差無比」: Harold John Morland, quoted in Jones, True and Fair, p. 155.

p. 178「審計員從頭到尾都嚴正地表明」: quoted in Jones, True and Fair, p. 277.

p. 179「許多保險公司甚至拒絕」: 'PricewaterhouseCoopers History', in International Directory of Company Histories, Vol. 29, St James Press, 1999.

p. 182「未能取得充分證據」: Pat Sweet, 'US Regulator Attacks KPMG Response to Audit Quality Criticism', CCH Daily Accountancy Live (online), 27 October 2014.

p. 182「調查中所有企業與審計所展現出來的本質」,「許多持續發生的缺失」: PCAOB, Annual Report on the Interim Inspection Program Related to Audits of Brokers and Dealers, PCAOB Release No. 2016-004. 18 August 2016.

p. 183「如今審計員朝思暮想的事」：Joe Ucuzoglu, quoted in 'Accounting Scandals: The dozy watchdogs', The Economist, 11 December 2014.

p. 185「令人震驚、極端不合理」：Securities and Exchange Commission, Washington, DC, Securities Exchange Act of 1934. Release No. 78490 / August 5, 2016. Admin. Proc. File No. 3-15168. In the Matter of John J. Aesoph, CPA and Darren M. Bennett, CPA. Corrected Opinion of the Commission. Rule 102(e) Proceeding. Grounds for Remedial Action. Improper Professional Conduct, pp. 22–23 (www.sec.gov/litigation/opinions/2016/34-78490.pdf).

p. 187「買回協議中典型的抵押安排」,「明確」：Robert H. Herz, Submission, 'Re: Discussion of Selected Accounting Guidance Relevant to Lehman Accounting Practices', 19 April 2010, p. 4.

p. 187「根本不使用電腦」：Francesco Guerrera, 'Evidence Suggests Former Chief Knew Of "Accounting Gimmick"', Financial Times, 13 March 2010.

p. 187「並不是出於任何會計事故」：'Ernst & Young's Letter About Lehman Accounting', Reuters, 23 March 2010.

p. 188「你們的義務」：Select Committee on Economic Affairs (UK Parliament, House of Lords), Auditors: Market Concentration and Their Role, Second Report of Session 2010–11, Vol. 2: Evidence (The Stationery Office, 2011), pp. 227–228.

p. 189「就像掉進了愛麗絲的夢遊仙境」：Select Committee on Economic Affairs (UK), Auditors, p. 227.

p. 189「銀行審計員的自滿」：Select Committee on Economic Affairs (UK), Auditors, p. 51.

p. 190「肆無忌憚地轉移」：'Deloitte Sued Over Audits of Chinacast Education', Reuters, 20 February 2013.

p. 190「可疑的回饋」,「給予了無保留意見的審計結果」：'The dozy watchdogs', The Economist, 11 December 2014.

p. 190「並導致史上最大幅度的修正」：'Singing River Health System Sues KPMG: "Colossal" error': The Washington Times, 18 January 2015.

第 10 章

p. 194「幾乎不可能」：Jones, True and Fair, p. 147.

p. 194「彩虹摘要」：Jones, True and Fair, p. 155.

p. 195「不斷變異、猶如細菌般的財務工具和把戲」,「單就複雜程度與營運規模」：Soll, The Reckoning, p. 204.

p. 196「大致上、且就我們所看到的多數時間上，沒什麼大問題」：'The dozy watchdogs', The

Economist, 11 December 2014.

p. 197 「創造信任的技巧」：Prem Sikka, Steven Filling & Pik Liew, The Audit Crunch: Reforming Auditing, Working Paper No. WP 09/01, Essex Business School, January 2009.

p. 198 「會計師事務所與成千上百名的審計員」：Francine McKenna, 'Will Auditors Be Held Accountable? The PCAOB Has a Plan', re: TheAuditors (online), 21 March 2011.

p. 198 「確認數字是否為真」：Roy A. Chandler & John Richard Edwards (eds), Recurring Issues in Auditing: Professional Debate 1875–1900 (Routledge, 2014), p. 202.

p. 198 「單頁的通過／未通過樣板報告」：'The dozy watchdogs', The Economist, 11 December 2014. In 2017, PCAOB imposed a controversial requirement for US auditors to report on 'critical audit matters', defined as matters: that have been communicated to the audit committee, are related to accounts or disclosures material to the financial statements, and involve especially challenging, subjective or complex auditor judgement.

p. 198 「審計員的所在位置」：Jeremy Warner, 'Dereliction of the Big Four Blamed for Financial Crisis', The Telegraph, 31 March 2011.

p. 199 「審計的目的不在於阻止」：Michael Rapoport, 'Role of Auditors in Crisis Gets Look', The Wall Street Journal, 23 December 2010.

p. 199 「就持續經營而論，事實上審計員的職責」：ACCA, Audit Under Fire, p. 13.

p. 200 「審計員的存在」，「財務報表」：John McDonnell, Opening Submission to the Banking Inquiry, pp. 6 & 3 (https://inquiries.oireachtas.ie/banking/ wp-content/uploads/2015/05/John-McDonnell-Opening-Statement.pdf).

p. 200 「價值動因」：Bob Moritz, quoted in 'The dozy watchdogs', The Economist, 11 December 2014.

p. 201 「審計員不需要是一名偵探」：re Kingston Cotton Mill Company (No. 2) [1896] 2 Ch. 279, (U.K. Court of Appeal), per Lopes LJ at pp. 288–289.

p. 202 「嚴重誇大」：Zeff, 'How the U.S. Accounting Profession Got Where it is Today: Part I', p. 192.

p. 202 「可疑支付款項」：Mike Esterl, David Crawford & David Reilly, 'KPMG Germany's Failure to Spot Siemens Problems Raises Questions', The Wall Street Journal, 24 February 2007.

p. 203 「用自己的名聲和品牌」：'Deloitte Sued over Audits of ChinaCast Education', Reuters, 20 February 2013.

p. 204 「衝突黃金」：Simon Bowers, 'Billion Dollar Gold Market in Dubai Where Not All Was As It Seemed', The Guardian, 26 February 2014.

p. 205 「私家偵探動作英雄」：L. Evans, 'The Accountant's Social Background and Stereotype in Popular Culture: The novels of Alexander Clark Smith', Accounting, Auditing and Accountability Journal, Vol. 25, No. 6, 2012, p. 964.

p. 206 「投資者、顧客、員工」：Jonathan Webb, 'PwC Sued For Missing $2.9 Billion Scam: Do auditors have a public responsibility to prevent fraud?', Forbes, 25 August 2016.

p. 205「如同專業審計原則明確指出的」：'PwC sued for $5.5bn over mortgage underwriter TBW's collapse', Financial Times, 14 August 2016.

p. 207「我們在風險評估中考量了詐欺的可能性」：Wes Kelly, quoted in Carolina Bolado, 'PwC Auditor Says No Duty To Detect $5B Taylor Bean Fraud', Law360 (online), 17 August 2016.

p. 207「針對審計員的表現、獨立性、客觀性以及審計品質提供有效監督」：PwC, Effective Audit Committee Oversight of the External Auditor and Audit, 19 July 2013.

p. 208「審計這行」：Dennis Nally, quoted in David Reilly, 'Accounting's Crisis Killer: Tumult eases for PwC's Nally; does he do his own taxes?', Wall Street Journal, 23 March 2007.

p. 208「未能執行專業的審計」，「未能進一步檢驗」：Ian Fraser, 'Time to Audit the Auditors – and Especially KPMG?', Ian Fraser (online) 8 January 2009.

p. 209「以法律來規定審計員職責上限」：'Appendix 3: List of Measures Raised in Evidence to Improve Choice, Competition and Quality in the Audit Market' in Select Committee on Economic Affairs (UK), Auditors.

p. 210「完全違背」：United States Senate, Subcommittee on Reports, Accounting and Management of the Committee on Government Operations, The Accounting Establishment. A Staff Study (U.S. Government Printing Office, 1976), p. 22.

p. 210「大型會計師事務所內有一整層樓的人負責審計」：Prem Sikka, quoted by Jane Gleeson-White in Double Entry (Allen & Unwin, 2011), p. 216.

p. 211「我們不僅可以協助你修補財務與稅務呈現」'we can help you fix': Michael Andrew, quoted in Vinod Mahanta, 'Big Four Accounting Firms PwC, Deloitte, KPMG, E&Y Back in Consulting Business', The Economic Times, 30 April 2013.

p. 211「進行諮商工作」：Select Committee on Economic Affairs (UK), Auditors, p. 98.

p. 212「我們並不認為」：ACCA, Audit Under Fire, p. 7.

p. 212「在安隆事件後」：Prem Sikka, 'Called to Account', The Guardian, 14 December 2008.

p. 213「被灌輸應以客戶為優先的概念」：Prem Sikka, 'Financial Crisis and the Silence of the Auditors', Accounting, Organizations and Society, Centre for Global Accountability, University of Essex, 2009, p. 5, drawing on G. Hanlon, The Commercialisation of Accountancy: Flexible accumulation and the transformation of the service class (Macmillan, 1994).

p. 213「許多研究者」：Bhanu Raghunathan, 'Premature Signing-Off of Audit Procedures: An analysis', Accounting Horizons, Vol. 5, No. 2, 1991, p. 71; C. Willett & M. Page, 'A Survey of Time Budget Pressure and Irregular Auditing Practices Amongst Newly Qualified UK Chartered Accountants', British Accounting Review, Vol. 28, No. 2, 1996, pp. 1–120.

p. 215「任命、薪酬和監督直接負責」：Sarbanes Oxley Act Section 301: 2: Public Law 107–204, 107th Congress, www.sec.gov/about/laws/soa2002.pdf.

p. 219 「審計員就是個笑話，浪費時間」: Ned O'Keeffe, quoted in Marie O'Halloran, 'Firms "Have Case to Answer" on Banks Crisis', The Irish Times, 5 November 2017.

p. 220 「審計社會」: Michael Power, The Audit Society: Rituals of Verification (OUP, 1999), p. 123.

第 11 章

p. 224 「三十五佛羅林」: Chris Skinner, 'What Did the Medici Bankers Ever Do for Us?', Chris Skinner's Blog.

p. 226 「在經歷了三十年的爭論」: Zeff, 'How the U.S. Accounting Profession Got Where it is Today: Part I', p. 194.

pp. 226–227 「企業投入大量心力」: House of Commons, Committee of Public Accounts, Tax Avoidance: The Role of Large Accountancy Firms, Forty-fourth Report of Session 2012-13, Report, Together with Formal Minutes, Oral and Written Evidence (The Stationery Office, 2013), p. 3.

p. 227 「儘管情況可能」: House of Commons, Committee of Public Accounts, Tax Avoidance, pp. 3–4.

p. 228 「不正當地影響」: House of Commons, Committee of Public Accounts, Tax Avoidance, p. 4.

p. 228 「盜獵者成為獵場守衛者」: House of Commons, Committee of Public Accounts, Tax Avoidance, p. 4.

p. 229 「站得住腳的費用分攤」: House of Commons, Committee of Public Accounts, Tax Avoidance, p. 10.

p. 229 「一條不起眼的企業稅務減免」: Guy Rolnik, 'PwC and the Oscars: When Auditors Take Investors to La La Land', University of Oxford, Faculty of Law blog, 12 March 2017.

p. 229 「詐欺的頭號敵人、誠實的推崇者」: D.A. Keister, 'The Public Accountant', The Book-keeper, July 1896, pp. 21–22.

p. 230 「我認為交易的最大問題」,「一場騙局」: Thomas Walsh, quoted in David Cay Johnston, 'Tax Shelter of Rich and Famous Has Final Date in Court', The New York Times, 4 November 1995.

p. 231 「創造一個故事」,「拉開一定的距離」,「準備大展身手」: Thomas Quinn, quoted in Gonzalez, 'This PwC Quote'.

p. 231 「管他的」: Steven Williams, quoted in Gonzalez, 'This PwC Quote'.

p. 231 「濫用」,「具欺騙性的」: Department of Justice, 'Superseding Indictment of 19 Individuals Filed in KPMG Criminal Tax Fraud Case', Media release, 17 October 2005.

p. 231 「難懂、充滿一堆簡寫的詞彙」: Michael Hudson, Sasha Chavkin & Bart Mos: 'Big Four

Audit Firms Behind Global Profit Shifting', The Sydney Morning Herald, 6 November 2014.

p. 231「接受應負責任」: Attorney General Alberto R. Gonzales, quoted in IRS, 'KPMG to Pay $456 Million for Criminal Violations', Media Release, IR-2005-83, 29 August 2005.

p. 232「加拿大稅務局指控」: Harvey Cashore, Dave Seglins & Frederic Zalac, 'KPMG Offshore "Sham" Deceived Tax Authorities, CRA Alleges', CBC News (online), 9 September 2015.

p. 232「慈惠公司」,「也不會比畢馬威」: Hudson, Chavkin & Mos, 'Big Four Audit Firms Behind Global Profit Shifting'.

p. 234「為了進行監視工作」: quoted in Mark Berman, 'Ex-CIA director Hayden says millennials leak secrets because they are "culturally" different', The Washington Post, 10 March 2017.

p. 238「製造虛假交易」: Prem Sikka, 'The Predatory Practices of Major Accountancy Firms', The Guardian, 8 December 2012.

第 12 章

p. 242「帳面上的虛假現金」,「之前的虛假收益」: Henry Blodget, 'China Stock Fraud Shocker: Banks Were Complicit in Longtop Fraud', Business Insider Australia, 26 May 2011.

p. 242「面臨巨大被起訴的風險」: Julia Irvine, 'Deloitte in Catch 22 over Former Chinese Client', Economia (online), 11 May 2012.

p. 243「鑒於獲得豐富而關鍵的文件」: U.S. Securities and Exchange Commission, Litigation Release No. 22911 / January 27, 2014, Accounting and Auditing Enforcement Release No. 3531 / January 27, 2014, Securities and Exchange Commission v. Deloitte Touche Tohmatsu CPA Ltd., Civil Action No. 1:11-MC-00512, D.D.C. filed 8 September 8 2011, (www.sec.gov/litigation/litreleases/2014/lr22911.htm).

p. 244「即使要求交出的文件」: Securities and Futures Commission, 'EY's Appeal Over Audit Working Papers Discontinued' (online), 23 July 2015.

p. 244「安永可以透過」: Mark Steward, quoted in Securities and Futures Commission, 'EY's Appeal'.

pp. 245–246「雅佳只擁有價值十六萬七千美元的現金和資產」: Naomi Rovnick, 'Hard Work Pays Off for "Vicious" Akai Liquidator', South China Morning Post, 6 October 2009.

p. 246「過度誇大」,「應該比任何人都清楚自己的檔案」: Rovnick, 'Hard Work Pays Off'.

p. 246「並沒有收到絕大多數公司審計員應該提交的檔案與記錄」,「動用全球的保險金棺材本」: Rovnick, 'Hard Work Pays Off'.

p. 247「泰興口中的四大客戶之一」, 'After Akai, Ernst & Young': Naomi Rovnick, 'Ernst & Young Pays Up to Settle Negligence Claim', South China Morning Post, 27 January 2010.

p. 250「抗議對『特許會計師』一詞的使用」,「此外就算他們改用」: Gillis, The Big Four in China, p. 71.

p. 251「紳士們的文化入侵」: Ding Pingzhun, quoted in Gillis, The Big Four in China, p. 113.

p. 251「與狼共舞」: Ding Pingzhun, quoted in Gillis, The Big Four in China, p. 215.

pp. 251–252「根據 P、W 發音的最佳選擇」,「中國的根本」: Gillis, The Big Four in China, p. 202.

p. 252「開始談著」: Gillis, The Big Four in China, p. 4.

p. 253「我們別無選擇」: Anthony Wu, quoted in Gillis, 'The Big Four in China', p. 164.

p. 253「FILTH」,「敗北倫敦退據香港者」,「對那些先前沒能把握好機會的人而言」: Gillis, 'The Big Four in China', pp. 108 & 111.

pp. 253–254「有些西方合夥人」: Gillis, 'The Big Four in China', p. 153.

p. 254「外國監管機關在中國領土上出手」,「對中國主權的侵犯」: Gillis, 'The Big Four in China', p. 254.

p. 254「我們的立場維持不變」: China Securities Regulatory Commission, REPublic Company Accounting Oversight Board; Notice of Filing of Proposed Amendment to Board Rules Relating to Inspection (File No. PCAOB-2008-06), 15 May 2009 (www.sec.gov/comments/pcaob-2008-06/pcaob200806-1.pdf).

p. 255「該公司將透過四間公司的合併來實現」,「我們期望這『一大』」,「團結起來,獨霸一方」: Ding Pingzhun, quoted in Gillis, The Big Four in China, p. 184.

p. 256「就這樣」: Ding Pingzhun, quoted in Gillis, 'The Big Four in China', p. 171.

p. 256「用五至十年的時間」: Gillis, The Big Four in China, pp. 217 & 225.

第 13 章

p. 263「普及商業智能服務」,「澳洲最佳創新企業獎」: 'Accodex: Our Mission Re-Defined', Accodex (online), accessed 24 November 2017.

pp. 263–264「藉由挑戰諮商企業推銷服務」: Task Central, https://au.linkedin. com/company/task-central.

p. 266「專業服務供應者試圖自欺欺人的最糟模式」: Maister, Galford & Green, The Trusted Advisor, p. 168.

p. 271「儘管各地成員公司內的資深合夥人」: Jones, True and Fair, p. 7.

p. 271「人人喊打,因為你很難跟他們協商」: Gillis, The Big Four in China, p. 94.

p. 272「浪費」: Michael Barrett, David J. Cooper & Karim Jamal, 'Globalization and the Coordinating of Work in Multinational Audits', Accounting, Organizations and Society, Vol. 30, 2005, p. 21.

p. 274「好讓公司可以更輕易」: Economic Affairs Committee, Auditors: Market concentration and their role, Vol. I, 2nd Report of Session 2010–11 (The Stationery Office, March 2011), p. 61.

p. 276「你不用有什麼豐功偉業」: Stevens, The Big Eight, p. 22.

第 14 章

p. 280「虛弱、臥病在床且脾氣火爆」: Parks, Medici Money, pp. 3–4.

p. 283「還好托瑪索 波提納利有妥善管理」: Lorenzo de Medici, quoted in de Roover, The Rise and Decline of the Medici Bank, p. 349.

p. 284「在上帝與命運的幫助下」: de Roover, The Rise and Decline of the Medici Bank, p. 108.

p. 285「豐腴圓潤的情婦」: Parks, Medici Money, p. 4.

p. 287「驚天事件」,「我認為」: Michael Power, quoted in Select Committee on Economic Affairs (UK), Auditors, p. 10.

p. 289「身為一專業實體」,「優先考量公眾利益」,「對社會而言」: Select Committee on Economic Affairs (UK), Auditors, p. 65.

p. 290「種下了自己的禍根」: Michael West, '"Tax Avoidance" Masters Revealed: Exclusive', The New Daily (online), 11 July 2016.

p. 292「如此一來」: George Rozvany, quoted in Michael West, 'Oligarchs of the Treasure Islands', 11 July 2016, www.michaelwest.com.au/ oligarchs-of-the-treasure-islands.

p. 294「審計事務所明白」: Stephen Griggs, quoted in Caroline Biebuyck, 'How Mandatory Audit Rotation Is Impacting Firms', Economia (online), 20 July 2016.

p. 294「在改變審計與非審計業務的關係上」: Gilly Lord, quoted in Biebuyck, 'How Mandatory Audit Rotation Is Impacting Firms'.

p. 295「一種重大、創新的手段」,「與其他形式的保險一樣」: Select Committee on Economic Affairs (UK), Auditors, p. 62.

p. 296「逃過一劫,上市公司的審計沒被政府接管」: Zeff, 'How the U.S. Accounting Profession Got Where it is Today: Part I', p. 192.

p. 296「世人比較會因美國國稅局的突襲而陷入恐慌」: Prem Sikka, quoted in 'The dozy watchdogs', The Economist, 11 December 2014.

p. 300 「與審計成果、資本主義變遷以及審計限度相關的程序」: Sikka, 'Financial Crisis and the Silence of the Auditors', p. 6.

p. 301 「這些大型事務所」: Ralph Walters, quoted in Zeff, 'How the U.S. Accounting Profession Got Where it is Today: Part II', p. 272.

p. 302 「大滅絕」: Niall Ferguson, 'The Great Dying', Financial Times, 14 December 2007.

p. 302 「一九〇〇年」: Crawford, The Case for Working with Your Hands, p. 42.

尾聲

p. 309 「會計師的職責並不包括」: Cindy Fornelli, quoted in Stephen Gandel, 'The Madoff Fraud: How culpable were the auditors?', Time, 17 December 2008.

會計帝國：四大會計師事務所的壟斷與危機

The Big Four: The Curious Past and Perilous Future of the Global Accounting Monopoly

作　　者　伊恩·蓋爾（Ian D. Gow）、史都華·凱爾斯（Stuart Kells）
譯　　者　李祐寧
主　　編　鍾涵瀞
編輯協力　徐育婷

企　　劃　蔡慧華
總 編 輯　富　察
社　　長　郭重興
發行人兼
出版總監　曾大福

出版發行　八旗文化／遠足文化事業股份有限公司
地　　址　23141 新北市新店區民權路 108-2 號 9 樓
電　　話　02 - 2218 1417
傳　　真　02 - 8667 1851
客服專線　0800 - 221029
信　　箱　yanyu@bookrep.com.tw
　　　　　gusa0601@gmail.com
Facebook　facebook.com/gusapublishing

印務經理　黃禮賢
視　　覺　BIANCO TSAI、吳靜雯
印　　製　呈靖彩藝有限公司
法律顧問　華洋法律事務所 蘇文生律師

定　　價　450 元
初版一刷　2020 年 1 月
版權所有，侵害必究（Print in Taiwan）
本書如有缺頁、破損、或裝訂錯誤，請寄回更換

國家圖書館出版品預行編目（CIP）資料

會計帝國：四大會計師事務所的壟斷與危機 / 伊恩·蓋爾 (Ian D. Gow), 史都華·凱爾斯 (Stuart Kells) 著；李祐
寧譯 . -- 初版 . -- 新北市：八旗文化出版：遠足文化發行, 2020.01
328 面；14.8×21 公分
譯自：The big four : the curious past and perilous future of the global accounting monopoly
ISBN 978-957-8654-92-1(平裝)

1. 會計 2. 機關團體 3. 組織管理 4. 歷史

495.06　　　　　　　　　　　　　　　　　　　　　　　　　　　　108019969